Daunderer

Amalgam

5., völlig überarbeitete und erweiterte Auflage

Diese Informationsschrift will Sie beraten.

Die Wiedergabe von Gebrauchsnamen, Handelsnamen, Warenbezeichnungen usw. in dieser Schrift berechtigt auch ohne besondere Kennzeichnung nicht zu der Annahme, daß solche Namen im Sinne der Warenzeichen- und Markenschutzgesetzgebung als frei zu betrachten wären und daher von jedermann benutzt werden dürften.

Dieser Beitrag enthält physikalisch-chemische Daten und medizinische Hinweise. Der Leser darf darauf vertrauen, daß Autor und Verlag größte Mühe darauf verwandt haben, diese Angaben bei Fertigstellung dieser Informationsschrift genau dem Wissensstand entsprechend zu bearbeiten; dennoch sind Fehler nicht vollständig auszuschließen. Aus diesem Grund sind alle Angaben mit keiner Verpflichtung oder Garantie des Verlags oder des Autors verbunden. Beide übernehmen infolgedessen keinerlei Verantwortung und Haftung für eine etwaige inhaltliche Unrichtigkeit dieser Schrift.

Mit freundlicher Empfehlung
Herausgeber und Verlag

Unter wissenschaftlicher Beratung durch den Zahnarzt Prof. Dr. Ottaviano Tapparo, München.

ecomed   Umweltinformation

Dieses Buch wurde auf chlor- und säurefreiem Papier gedruckt.

Unsere Verlagsprodukte bestehen aus umweltfreundlichen und ressourcenschonenden Materialien.
Wir sind bemüht, die Umweltfreundlichkeit unserer Werke im Sinne wenig belastender Herstellverfahren der Ausgangsmaterialien sowie Verwendung ressourcenschonender Rohstoffe und einer umweltverträglichen Entsorgung ständig zu verbessern. Dabei sind wir bestrebt, die Qualität beizubehalten bzw. zu verbessern.
Schreiben Sie uns, wenn Sie hierzu Anregungen oder Fragen haben.

Die Deutsche Bibliothek – CIP-Einheitsaufnahme

> **Daunderer, Max:**
> Amalgam / Daunderer. - Sonderdr., 5., völlig überarb. und erw. Aufl. -
> Landsberg/Lech : ecomed, 1998
>   Aus: Handbuch der Amalgamvergiftung
>   ISBN 3-609-63495-2

Amalgam, 5., völlig überarbeitete und erweiterte Auflage

Sonderdruck aus
Handbuch der Amalgamvergiftung
ISBN 3-609-71750-5
© 1998 ecomed verlagsgesellschaft AG & Co. KG, Landsberg
Rudolf-Diesel-Str. 3, 86899 Landsberg/Lech
Telefon 08191/125-0; Telefax 08191/125-292, Internet: http://www.ecomed.de
Verfasser: Dr. med. Dr. med. habil. Max Daunderer, TOX-Center e.V., Hugo-Junkers-Straße 13, 82031 Grünwald, Tel. 089/64 91 49 49

Alle Rechte, insbesondere das Recht der Vervielfältigung und Verbreitung sowie der Übersetzung, vorbehalten. Kein Teil der Informationsschrift darf in irgendeiner Form (durch Photokopie, Mikrofilm oder ein anderes Verfahren) ohne schriftliche Genehmigung des Verlages reproduziert oder unter Verwendung elektronischer Systeme gespeichert, verarbeitet, vervielfältigt oder verbreitet werden.

Satz: SatzStudio Pfeifer, Gräfelfing
Druck: VEBU Bruck, Bad Schussenried
Printed in Germany: 630495/498505
ISBN 3-609-63495-2

Inhaltsverzeichnis

Seite

1	Geschichte	1
1.1	Klinische Toxikologie	2
1.2	Amalgamvergiftung – Definition	3
1.3	Karies	4
1.4	Intelligenz zur Behandlungseinsicht	5
2	Vorkommen	7
2.1	Häufigkeit	10
2.2	Aufnahme	10
3	Wirkungscharakter	11
3.1	Wirkkomponenten	12
3.1.1	Zinn	12
3.1.2	Kupfer	12
3.1.3	Silber	13
3.2	Wirkungsverstärkung	13
3.2.1	Zusatzgifte	13
3.2.1.1	Alkohol	13
3.2.1.2	Aluminium	14
3.2.1.3	Autoabgase	15
3.2.1.4	Dioxine	15
3.2.1.5	Formaldehyd	15
3.2.1.6	Gold	16
3.2.1.7	Keramik	16
3.2.1.8	Lindan	16
3.2.1.9	Palladium/Titan	16
3.2.1.10	Passivrauchen	17
3.2.1.11	Pentachlorphenol	17
3.2.1.12	Pyrethroide	17
3.2.1.13	Umweltgifte	18
3.2.1.14	Wohngifte	18
3.2.1.15	Zahngifte	18
3.2.1.16	andere Gifte	18
3.2.2	Andere Faktoren	19
3.2.2.1	„Tote" Zähne	19
3.2.2.2	Eingewachsene Weisheitszähne	19
3.2.2.3	Strom	19
3.3	Schädigungsmechanismus	20
3.3.1	Angriffspunkte für Quecksilber in jeder Zelle	20
3.3.2	Amalgamallergie	22
3.3.3	Autoimmunkrankheiten	22
3.4	Symptome	24
3.5	Amalgam-Karriere	26
3.6	Zahnherde	26
3.7	Stoffwechselanomalie	30

3.8	Vergiftungsgrad	30
3.9	Vorteile des Amalgams	31
4	Nachweis	32
4.1	Gift-Nachweis	34
4.1.1	Kaugummitest	34
4.2	Giftaufnahme-Nachweis	35
4.2.1	Hinweise	35
4.2.1.1	Zahnwurzel-Übersichtsröntgen (OPT)	35
4.2.1.2	Kernspinaufnahme des Gehirns	36
4.2.2	Beweise	38
4.2.2.1	DMPS-Test	38
4.2.2.1.1	Spritze Muskel/Vene	39
2.2.2.1.2	Nicht 24-Stunden-Urin	39
4.2.2.1.3	Organisches Quecksilber	40
4.2.2.1.4	DMPS-Kapseln	41
4.2.2.2	DMSA-Test	42
4.2.2.3	TOX-Untersuchung	43
4.3	Giftwirkung-Nachweis	44
4.3.1	Allergietests: Epicutantest	44
4.3.1.1	Amalgamtests	46
4.3.1.2	Tests für Metalle und Befestigungen	46
4.3.1.3	Tests für Wohngifte	46
4.3.1.4	Therapeutika	47
4.3.2	LTT-Test	47
4.3.3	Autoimmuntests	48
4.3.4	Bluttests	49
4.3.4.1	Alpha-1-Mikroglobulin	49
4.3.4.2	Glutathion-Schwefel-Transferase (GST)	49
4.4	Heilungs-Beweise	50
5	Therapie	51
5.1	Expositionsstopp	51
5.1.1	Amalgamsanierung	52
5.1.1.1	Schwangerschaft/Stillzeit	54
5.1.2	Giftherd-Sanierung der Zahnherde	55
5.1.2.1	Operationsmethoden	58
5.1.2.2	Sanierungsschritte von Giftherden und Zähnen	59
5.1.2.3	Heilungszeit	60
5.2	Speicherentgiftung	61
5.2.1	DMPS	61
5.2.1.1	DMPS-Schnüffeln	61
5.2.1.2	DMPS-Kieferspritze	62
5.2.1.3	DMPS-Menge	62
5.2.1.4	DMPS-Allergie	62
5.2.1.5	Spurenelemente nach DMPS	63
5.2.2	DMSA	63
5.2.2.1	DMSA-Schnüffeln	64
5.2.2.2	DMSA-Allergie	64

5.2.2.3	Säuglings-Entgiftung	64
5.3	Therapie umweltgeschädigter Patienten	66
5.3.1	Zink	67
5.3.2	Selen	68
5.3.3	Gesunde Nahrung	69
5.4	Entgiftung der Umweltgifte	73
5.4.1	Ginkgo biloba	73
5.4.2	Calciumantagonist	73
5.5	Metallunverträglichkeit	74
5.6	Verhaltenstherapie	74
5.7	Maßnahmen gegen Energielosigkeit (Depression)	76
5.8	Sinnlose Therapien	76
5.9	Zehn Gebote für Amalgamvergiftete	78
6	Alternativen	79
7	Bezahlung	86
7.1	Recht	87
7.1.1	Amalgamverbot	88
7.1.2	Behördenreaktion	88
8	Therapieerfolge	89
8.1	Allergien, Feer, MCS	89
8.2	Antriebslosigkeit, Depression	91
8.3	Bauchschmerzen	91
8.3.1	Leberschaden	92
8.3.2	Bauchspeicheldrüsenentzündung	92
8.4	Blasenentleerungsstörungen	92
8.5	Blutbildveränderungen	92
8.6	Depressionen, Psychosen	92
8.6.1	Drogenabhängigkeit	93
8.7	Durchfälle	93
8.8	Epilepsie	93
8.9	Gedächtnisstörungen	94
8.10	Gelenkschmerzen	94
8.11	Haarausfall	94
8.12	Herzinfarkt, Herzrhythmusstörungen	95
8.13	Infektanfälligkeit	95
8.14	Infertilität, Impotenz	95
8.15	Interaktionen	96
8.16	Kopfschmerzen	96
8.17	Krebs	96
8.18	Lähmungen, MS, Amyotrophe Lateralsklerose	96
8.19	Muskelschwäche	97
8.20	Schwangerschaft	97
8.21	Schwindel	98
8.22	Seh-, Hör-, Sprachstörungen	98
8.23	Todesfälle, Krippentod	99

8.24	Zittern	99
8.25	Querulanten	99
9	Prognose	100
10	Brief eines Betroffenen	101

1
Geschichte

1840 wurde Amalgam erstmalig in den USA verboten. 15 Jahre lang wurde jeder Zahnarzt von der Kammer ausgeschlossen, wenn er Amalgam verarbeitete.

Seither tobt ein verzweifelter Kampf der Amalgamvergifteten gegen die Profitdenker.

Bis zu unserem Nachweis, daß Amalgam den Speichel vergiftet, was mit dem Kaugummitest belegbar ist, wurde offiziell behauptet, die Giftmetalle Quecksilber, Zinn, Kupfer und Silber würden nicht aus Amalgamfüllungen freigesetzt, da diese stabil seien.

Quecksilber im Amalgam ist wie Zyankali in der Schnapspraline: der Unwissende meint, daß das Gift in der Umhüllung bleibt. Bis zu unserem Nachweis der Organspeicherungen im DMPS-Test wurde behauptet, fast alles Gift würde wieder ausgeschieden und daß die Giftaufnahme weit unter allen Grenzwerten liegen würde. Heileffekte bei unseren Patienten wurden als psychisch abgetan. Trotz 25 Veröffentlichungen, die das Gegenteil belegten, behaupteten 60 „Spezialisten" beim Amalgamhearing gegen den Autor am 15.9.1989 in München, daß anorganisches Quecksilber nicht in organisches im Körper verwandelt würde. Mittlerweile ist alles eindeutig richtiggestellt, jetzt wird die globale Bevölkerungsvergiftung nur noch damit motiviert, daß dies die billigste Zahnflickmethode sei. Weltweit ist jedoch bekannt, daß das Amalgamlegen aufgrund der hohen medizinischen Folgelasten mit Abstand das teuerste Flickwerk darstellt.

Weltweit stimmt die Rate der MS-Fälle (hier 120.000) mit der Quecksilbermenge, die Zahnärzte verarbeiten, exakt überein. Ohne Amalgam gäbe es keine Multiple Sklerose. Das Amalgam der Mutter (Feer-Syndrom) entscheidet über die Entstehung der Krankheit.

Ebenso korreliert der Quecksilbergehalt von Süßwasserfischen mit der von Zahnärzten verwendeten Amalgammenge. Je mehr Amalgam verwendet wird, desto höher sind die „Grundbelastungen durch Nahrungsmittel".

Lautstarke Warnungen vor Quecksilber sind uralt: 1874 schrieb Dr. med. dent. J. Payne im Chicago Medical Journal: „Es gibt 12 000 Zahnärzte in den Vereinigten Staaten, die einen Großhandel dieses Vergiftens (durch Amalgam) betreiben, und ich erbitte die Kooperation der Landesmedizingesellschaft als Hüter der Volksgesundheit um Hilfe dabei, einen Gesetzentwurf von dem Kongreß verabschiedet zu bekommen, der es zu einer durch Zuchthaus zu bestrafenden Handlung macht, einen giftigen Stoff, der Menschen schaden wird, in Zähne zu geben".

Prof. STOCK, Direktor des Max-Planck-Instituts, Ordinarius für Chemie, erfuhr bereits 1910 von dem größten klinischen Toxikologen in Deutschland, Prof. LEWIN, daß er von seinem Feer-Syndrom, d.h. zentralnervösen Störungen durch Quecksilberdämpfe, die er sich durch flüssiges Quecksilber am Arbeitsplatz zugezogen hatte, erst geheilt würde, wenn er sich seine Amalgamfüllungen entfernen ließ. STOCK fühlte sich darauf wie neu geboren und versuchte, alle Zahnärzte von einer weiteren Vergiftung ihrer Patienten abzuhalten. Die Zahnärzte versuchten, das Amalgamverbot hinauszuzögern. Sie gründeten in Berlin ein Institut zur Überprüfung der Behauptungen von STOCK. Nach 10 Jahren erklärte dieses Institut, daß die Warnungen von STOCK „vor der ärgsten Versündigung an der Menschheit durch Amalgam" korrekt seien und „daß Amalgam sofort vermieden werden sollte, sobald eine Alternative bekannt sei".

Damals waren Alternativen bekannt: Gold für Reiche, Steinzemente für Arme, diese Kenntnisse gerieten aber durch die Gebote von Hitler zur ausschließlichen Verwendung von Amalgam in Vergessenheit, so daß es zur widerspruchslosen Pflichtstopfung von Zahnlöchern bis hin zur Modellmassse von künstlichen Zähnen wurde. Quecksilber stand als Nebeneffekt der Rüstungs-Chlorchemie unbegrenzt zur Verfügung.

In den 60er Jahren argumentierten die Zahnärzte so, als ob es STOCK nie gegeben hätte.

Spätestens seit der Pressemitteilung der deutschen Bundesregierung vom 7.8.1995 über die Entstehung von Autoimmunkrankheiten durch Amalgam hätte von fairen Zahnärzten eine Information aller Betroffenen erfolgen müssen.

Im Stammland der chemischen Industrie darf es offiziell keine Amalgamvergiftung geben. Betroffene werden als psychisch krank angesehen, Helfer als Systemfeinde. Da niemand die Giftwirkung kennt, setzen Zahnärzte sofort als Alternative die gänzlich verbotenen Gegenspieler mit Palladium oder Platin ein. Der dann noch kränker werdende Vergiftete wird als eingebildeter Kranker verspottet. Nur, wer sich selbst informiert, hat Heilungschancen.

Da Amalgam unter den Zahnwurzeln eingelagert wird und gefährliche Bakterien und Pilze dort heranzüchtet, führt es stets zum Zahnverlust und zur Schädigung der Körperorgane bzw. Nerven, die diesem Herd zugeordnet sind. Dies ist für die Amalgamträger sehr bitter und schwer zu durchschauen.

Die Vergiftungsfolgen, wie der Eiter unter den Zähnen, entscheiden über Krankheiten, nicht die Anzahl der Füllungen im Mund.

Einmal eingesetztes Amalgam wirkt lebenslang – auch nach dem Herausbohren; es ist die häufigste Todesursache. Wer weiß, was Amalgam ist und wie es wirkt, wird sich nie ein Giftdepot in den Körper setzen lassen.

Die Amalgam-Geschichte lehrt, daß nur intelligentere, gut informierte Patienten die Möglichkeit haben, vor einer Vergiftung bewahrt oder gerettet zu werden.

Diese Schrift beruht auf der Erfahrung mit über 20 000 Amalgampatienten.

1.1
Klinische Toxikologie

Die Klinische Toxikologie ist der Angelpunkt der Medizin; sie ist die Lehre vom Leben unter bekannten krankmachenden Bedingungen (Prof. Lewin, 1888).

Alle Ignoranten halten die Klinische Toxikologie für Scharlatanerie (Prof. Wassermann).

Der Autor ist habilitiert als Klinischer Toxikologe an der Technischen Universität München und bezieht seine Kenntnisse aus über 25jähriger Tätigkeit als Notarzt der Feuerwehr, mit Hubschraubern und im privaten toxikologischen Notarztdienst, als Oberarzt einer großen toxikologischen Abteilung der Universität und im Auslandsdienst bei Massenvergiftungen (Seveso und Bhopal) im Auftrag unserer Regierung. Dabei sah er über 120 000 schwere Vergiftungen, darunter über 5000 Vergiftungstote.

Erst wenn man gesehen hat, wie hilflos der Arzt am Ende einer Vergiftungskarriere vor dem Kranken steht, versteht man, wie wichtig die Prophylaxe ist, die uns die Klinische Toxikologie lehrt.

Da auf einen akut Vergifteten etwa 100 000 chronisch Vergiftete kommen, ist für die Menschheit ausschließlich die Kenntnis der chronischen Vergiftungen, insbesondere der Umweltgifte von Bedeutung. Erst eine Besserung der Beschwerden durch die vollständige Giftwegnahme beweist eine chronische Vergiftung.

Da im Kiefer vor allem über die Nase eingeatmete Gifte eingelagert werden, beschäftigt sich der Toxikologe neben den Auswirkungen von Autoemissionen, Wohngiften und Pestiziden auch mit den im Kiefer eingelagerten Zahnreparaturstoffen.

Unfaßbar bleibt es für einen Klinischen Toxikologen, wie man mehrere Gramm(!) hochgiftiges, flüssiges Quecksilber Menschen in Zähne füllen kann und dann als Kardinalbeweis für seine Ungefährlichkeit vorgibt, daß die ohne Gegengifte unvollständige Quecksilberentfernung Quecksilberkranke nicht wieder gesund mache – obwohl dies bei keinem gefährlichen Gift geht: immer ist mit bleibenden Organschäden durch Gifte zu rechnen.

Die moderne Klinische Toxikologie hat alle Möglichkeiten zum Nachweis des Giftes, der Giftwirkung und der Giftfolgen. Insbesondere der Nachweis der Entstehung von Autoimmunkrankheiten durch Amalgam beweist die Entstehung der Zivilisationskrankheiten durch Amalgam. Autoimmunkranke sind neben den Neugeborenen von amalgamtragenden Müttern die bedauernswertesten Amalgamopfer, da sie meist nur durch den Verlust aller Zähne ihre Gesundheit deutlich verbessern können.

Kein Arzt verfügt über eine Ausbildung zum Erkennen und Behandeln einer Amalgamvergiftung.

Exakte Kenntnisse über die akute Vergiftung sind die Voraussetzung zum Verständnis der chronischen Giftwirkung, die ein völlig anderes Bild zeigt: Beispiele dafür sind eine Alkoholvergiftung, die akut Bewußtlosigkeit und chronisch Erregungszustände hervorruft. Eine Nikotinvergiftung wirkt akut erregend, chronisch kann sie einen Infarkt verursachen.

In der Regel wird die chronische Vergiftung mit einer akuten Vergiftung verwechselt. Das ist genau so falsch wie wenn man Raucherschäden nach Jahrzehnten mit der akuten Nikotinwirkung erklären möchte.

> Die fehlende Ausbildung zur Behandlung von Vergiftungen verbietet jede Anwendung von Giften.

1.2 Amalgamvergiftung – Definition

Die Amalgamvergiftung ist eine chronische Vergiftung, bei der Akutwerte im Blut oder Urin meist normal sind.

Der Mechanismus für eine chronische Amalgamvergiftung ist eine Kombination aus einer Vergiftung mit genetisch fixiertem Angriff auf über 60 Schaltstellen des Schwefels im Acetyl-CoA-SH in jeder Zelle und einer Allergie auf das Speichergift, bei der sich nach Jahrzehnten eine Autoimmunkrankheit entwickelt.

Nervensymptome sind verursacht durch die Vergiftung mit Blockade des Acetyl-CoA-SH, Immunsymptome sind verursacht durch die Allergie mit drauffolgender Autoimmunkrankheit.

Dabei richtet sich die allergische Reaktion gegen einzelne eigene Organe und zerstört sie, falls nicht rechtzeitig alle Ursachen entfernt werden. Allergische Reaktionen erfolgen nach dem Alles-oder-Nichts-Gesetz, nicht entsprechend irgendwelcher Grenzwerte, deshalb ist es für die Therapeuten und Betroffenen oft ein verzweifelter Kampf, alle Gifte an der Quelle und aus den Körperspeichern restlos zu entfernen. Dies gelingt nur, wenn alle Ursachen und Folgen unter oft großem technischen Aufwand und von erfahrenen Spezialisten erkannt und entfernt werden.

Viele Kinder haben schon seit Geburt eine Amalgamallergie mit Autoimmunkrankheit durch das von der Mutter über die Plazenta oder die Muttermilch erhaltene Amalgam. Die kindliche Amalgamvergiftung ist die tragische Wurzel der Amalgamproblematik, zumal wir bisher keinen Deutschen ohne dieses „Erbe" fanden.

Dabei stehen nicht nur finanzielle Probleme im Vordergrund, sondern insbesondere auch die „Entsorgungs"-Problematik, da die Freisetzung aus den Giftspeichern für Allergiker mit Autoimmunerkrankung u.U. ein tödliches Risiko darstellt. Es ist auch nicht so, daß für jeden dieser Problemfälle eine unbegrenzte Anzahl von Spezialisten zur Verfügung steht.

Zahnamalgam ist neben Gold zudem auch Ursache vieler Zivilisationskrankheiten wie Herzinfarkt, Schlaganfall, Multiple Sklerose, Diabetes mellitus, Rheuma und Krebs.

> Echte Ursachenbeseitigung ist reine Glücksache.

Im offiziellen Sprachgebrauch heißt eine Vergiftung „Belastung".

1.3
Karies

Karies ist eine Stoffwechselerkrankung, bei der eine Immunschwäche gegenüber dem Mundkeim Streptokokkus mutans vorliegt, der unter dem Schmelz den Zahn zerfrißt. Zähneputzen und Vermeidung von Zucker reduziert sie nur etwas, behebt jedoch keinesfalls die Ursache.

Die zahnerhaltende Behandlung geht nur über die Ursachenentfernung und Stabilisierung des Immunsystems mit Impfung gegen den Karieskeim. Die Löcher mit allergisierenden und giftigen Substanzen zu stopfen, führt zu einer weiteren Verschlechterung des Immunsystems und Fortschreiten der Erkrankung mit Zahnverfall.

Amalgam wirkt antibiotisch. Nach einiger Zeit wachsen Karieskeime und gefährliche resistente Bakterien und Pilze unter dem Amalgam und verursachen Karies, zerstören den Zahnhalteapparat und den Kieferknochen. Dieser Entzündungsherd, der Giftherd, wirkt als Krankheitsauslöser.

> Amalgam zerstört die Zähne und macht krank.

Amalgam belegt die Entgiftungsenzyme und dadurch werden alle eingeatmeten Gifte in den Zahnwurzeln gespeichert. Amalgam und diese Speichergifte wirken allmählich wie Immungifte. Beschleunigt wird der Prozeß durch fehlende körperliche Bewegung zur Entgiftung und vitaminarme Ernährung, die zu einem Mangel an Entgiftungsenzymen führt.

> Zahnlöcher flicken ersetzt keine Vermeidung der Ursache.

Das Leiden kann nur rückgängig gemacht werden, wenn man exakt den Weg wieder zurückgeht: Entfernung aus der Giftatmosphäre → Operation der Giftspeicher → chemische Entleerung der Giftspeicher → vitaminreiche Ernährung → Sport → Lebensfreude.

1.4 Intelligenz zur Behandlungseinsicht

Langzeitschäden durch Metalle und ihre darauf folgenden Zahnherde kann nur derjenige verstehen, der Intelligenz besitzt. Andere sind froh, daß die Zahnbehandlung billig ist und Zahnschmerzen wegbleiben, da die Nerven durch Metalle betäubt werden. Auch müssen die Zähne dann nicht mehr geputzt werden. Rauchern, Berufslosen und Querulanten fehlt die nötige Einsicht. Amalgamvergiftete sind wie Raucher, die nach der Amputation ihres Raucherbeines weiter rauchen und sagen: „Mir macht das nichts".

> Der gehorsame Deutsche behält lebenslang sein Amalgam.

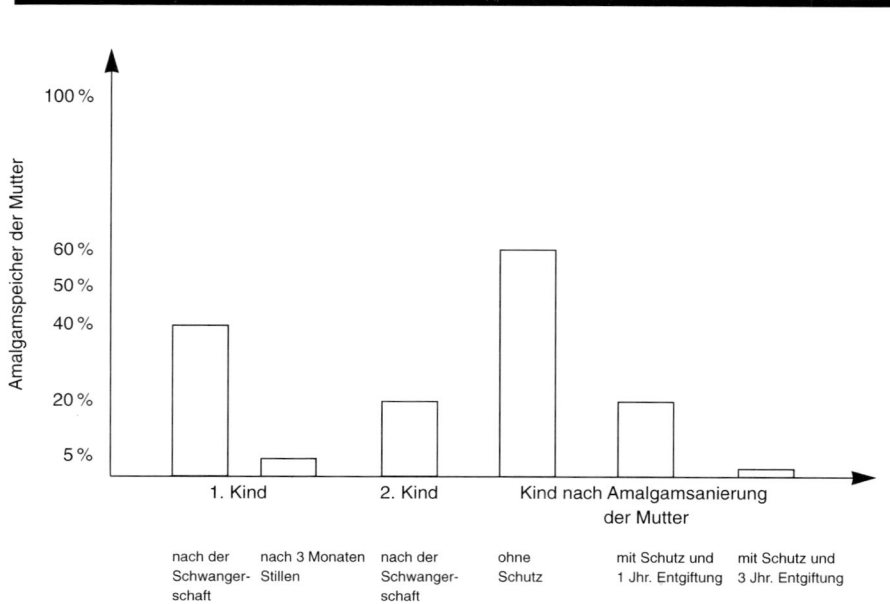

Abb. 1: Amalgamtragende Mütter

„Wer sagt, daß ihm ein Gift nichts anhaben kann, irrt sich" (Lewin, 1866). Unter denjenigen, die sagen „Ja, aber ich spüre nichts" finden sich die Schizophrenen mit gespaltenem Bewußtsein durch die quecksilberbedingte Glutamatstörung. Nur intelligente Frauen wissen, daß z.B. allein die Größe eines schmerzlosen Knotens in der Brust entscheidet, wann ein Brustkrebs tödlich ist (über 2 cm unter 5 Jahre, unter 1 cm bis 30 Jahre).

2 Vorkommen

> Wir kennen keinen Deutschen ohne mütterliches Amalgam.

Mütterliches Amalgam ist die wichtigste Giftquelle. Bis zu 40 % der gesamten Giftmenge des Körpers gibt die Mutter während der Schwangerschaft an ihr Kind ab, 5 % folgen während des Stillens nach.

Kinder von Müttern mit Amalgamfüllungen bekommen durch die mütterliche Vorschädigung Karies und als Kleinkind sofort wieder Amalgam, obwohl meist schon vorher eine Allergie auf Amalgam (inklusive die mütterliche Autoimmunerkrankung) bestand.

Das Quecksilber aus amalgamgefüllten Milchzähnen wird vor deren Ausfallen im Kiefer des Kindes gespeichert und in die bleibenden Zähne eingebaut.

Unter ca. 60 % der Goldkronen wird Amalgam belassen (erkennbar am örtlichen Knochenschwund und Metallherden an der Zahnwurzel).

Wir ließen Amalgam entfernen, das außer Quecksilber, Zinn, Silber, Palladium, Indium, Zink und Kupfer noch Blei, Cadmium oder Gallium enthielt (was zu schwersten Allergien geführt hatte).

Die Amalgamfreisetzung ist kraß erhöht, wenn andere Metalle in Nachbarschaft oder im Gegenbiß einer Amalgamfüllung liegen (Mundbatterie) oder wenn heiße Getränke, saure Speisen (Essig) in den Mund kommen oder insbesondere bei Zahnknirschen.

Fluor aus Zahnpasten oder aus dem Zahn(„schutz")lack verwandeln Quecksilber in das hochgiftige organische Quecksilber, das schnell resorbiert wird und insbesondere das Hirn vergiftet.

Amalgam-Produkte

Folgende Produkte enthalten 50 % flüssiges Quecksilber plus ein Legierungspulver, das wie folgt zusammengesetzt ist (Massen %):

Produkt	Hersteller	seit	Ag	Sn	Cu	Hg	Zn	In	Pd	Zr
Amalcap-F	Vivadent	75	71,0	26,0	3,0					
Ana 68 Pulver	Nordiska	70	67,8	25,1	5,0	2,0	0,1			
Dentin 68 F	Dentina	79	68	26	5,3		0,7			
Ihdentalloy 68%	Ihde	70	68,0	27,0	4,0		1,0			
Ihdentalloy Spezial 72,5%	Ihde	70	72,5	26,0	1,4		0,1			
MT A9	MT-Metalle	84	70,0	26,0	4,0					
Quickalloy 68% AG	Wieland	60	68,0	27,0	4,0		1,0			
Standalloy F	Degussa	76	71,0	25,7	3,3					
AC 70 Non-Gamma$_2$ Größe 1	Dental Material Gesellsch.	70	69,3	19,4	10,9		0,4			
Alldent Non-Gamma$_2$	Alldent	81	44,0	29,75	25,0	1,25				

Amalgam

Produkt	Hersteller	seit	Ag	Sn	Cu	Hg	Zn	In	Pd	Zr
Alldent	Orbis Dental	83								
Amalcap Plus Non-Gamma$_2$	Vivadent	89	70,1	18,0	11,9					
Amalcap Plus Non-Gamma$_2$ Fast	Vivadent	89	70,1	18,0	11,9					
Ana 70 Pulver	Nordiska	74	63,3	19,4	10,9	0,4				
Artalloy	Degussa	74	80,0	7,0	13,0					
Artalloy caps	Degussa	76	80,0	7,0	13,0					
Blend-A-Dispers	Blend-a-med	85	70,0	18,0	12,0					
Contour	Kerr	80	41,0	31,0	28,0					
Dentina 70 Non-Gamma$_2$	Dentina	79	70,0	18,5	11,0		0,5			
Dispersalloy-Caplets	Johnson & Johnson	86	69,5	17,7	11,8		1,0			
Dispersalloy-Pulver	Johnson & Johnson	76	69,5	17,7	11,8		1,0			
Dispersalloy-Tabletten	Johnson & Johnson	83	69,5	17,7	11,8		1,0			
Duralloy	Degussa	85	50,0	30,0	20,0					
Epoque 2000 Duett	Nordiska	88	43,0	29,5	25,3	2,0	0,2			
Epoque 2000 Kapseln	Nordiska	85	43,0	29,5	25,3	2,0	0,2			
Epoque 2000 Pulver	Nordiska	83	43,0	29,5	25,3	2,0	0,2			
Heragam 48 Non-Gamma$_2$	Heraeus	88	48,0	30,0	21,98					0,02
Ihdentalloy Spezial Ng2	Ihde	76	63,3	19,4	10,9					
Indium-Alloy Non-Gamma$_2$	Shofu Dental	70	60,0	22,0	13,0		5,0			
Luxalloy	Degussa	76	70,0	18,0	12,0					
Luxalloy Caps	Degussa	85	70,0	18,0	12,0					
MT A10	Mt-Metalle	84	70,0	19,5	10,5					
Normalloy	Müller & Weygand	75	69,3	19,4	10,9		0,4			
Oralloy Magicaps	Coltene	77	59,0	28,0	13,0					
Oralloy Tabletten	Coltene	77	59,0	28,0	13,0					
Permite C	Southern Dental Industries	86	56,0	27,9	15,4		0,2	0,5		
Si-Am-Cap	Merz	76	69,3	19,4	10,9		0,4			
Sybraloy	Kerr	75	41,0	31,0	28,0					
Tytin	Kerr	84	60,0	26,0	14,0					
Valiant Ph.D.Xt.	De Trey Dentsply	85	52,5	17,5	29,7	0,3				
Valiant regular	De Trey Dentsply	85	49,5	30,0	20,0					
Vivalloy HR Non-Gamma$_2$ Kap.	Vivadent	86	46,5	30,0	23,5					
Vivalloy HR Non-Gamma$_2$ Plv.	Vivadent	86	46,5	30,0	23,5					
Vivalloy HR Non-Gamma$_2$ Tbl.	Vivadent	86	46,5	30,0	23,5					

Amalgam-Hersteller

Alldent Ag
Poststr.233
Fl-9491 Rugell

Blend-a-med Blendax GmbH
Rheinallee 88
55120 Mainz

Coltène Dental-Produkt
Fischenzstr.39
78462 Konstanz

Degussa AG, Dental
Weissfrauenstr.9
60311 Frankfurt

Dentaform Dentalprodukte
Industrie-Park 11
51789 Lindlar

Dental Trading
Ostring 1
97688 Bad Kissingen

Dental- Allianz GmbH
Daimlerstr.12/1
69469 Weinheim

Dental-Liga
Oskar-Jäger-Str.1
50931 Köln

Dentalwerk Buermoos
Ignaz-Glaser-Str.53
A-5111 Buermoos

Dentina GmbH
Byk-Gulden-Str.10a
78467 Konstanz

De Trey De Tech
Reichenaustr.150
78467 Konstanz

Ihde Dental GmbH
Leopoldstr.116
80804 München

Kerr GmbH
Liststr.28
76185 Karlsruhe

Merz & Co.GmbH+Co.
Eschenheimer Landstr.100
60322 Frankfurt/Main

Mt-Metalle GmbH
Karl-Brinkmaier-Str.1
85614 Kirchseeon

Mueller & Weygandt GmbH
Industriestr.25
63654 Buedingen

Nordiska Dental GmbH
Rungedamm 31
21035 Hamburg

Orbis Dental Handelsges. mbH
Hanauer Landstr.208-216
60314 Frankfurt

Shofu Dental GmbH
Am Brüll 17
40878 Ratingen

Southern Dental
Weisshaus-Str.23
50939 Köln

Vivadent Dental GmbH
Postfach 1152
73479 Ellwangen/Jagst

Wieland Edelmetalle GmbH
Schwenninger Str.13
75179 Pforzheim

Heraeus Edelmetalle GmbH
Gruener Weg 11
69430 Hanau

Johnson & Johnson Dental
Kaiserwerther Str.270
40474 Düsseldorf

2.1 Häufigkeit

In den letzten 25 Jahren konnten wir keinen einzigen (!!) Deutschen ausfindig machen, der frei geblieben war von Zahnamalgam: 95 % hatten es selbst, 5 % hatten es von der Mutter während der Schwangerschaft erhalten (Feer-Syndrom).

2.2 Aufnahme

Die Amalgambestandteile werden frei beim Legen, Herausbohren und täglich durch Kauen, heiße Getränke, saure Speisen (Essig) und insbesondere durch Zähneputzen und Zähneknirschen.

Die stärkste Giftwirkung tritt ein durch den Quecksilberdampf, der ins Gehirn eingelagert wird und daraus nicht mehr entfernt werden kann.

Das verschluckte Amalgam führt zu örtlichen Reizerscheinungen im ganzen Verdauungstrakt. Darmbakterien und Pilze (Candida) verwandeln das ungefährlichere anorganische Metall in das hochgiftige organische Metall (Methyl-Quecksilber/Zinn), das sofort ins Gehirn eingelagert wird und zu schwersten Nervenschäden führt.

Das über den Urin ausgeschiedene Amalgam führt zu Entzündungen von Nieren und Harnwegen.

Prozentuale Aufnahme: 60 % dampfförmig ins Gehirn,
20 % über den Darm – methyliert ins Gehirn,
20 % werden über den Stuhl ausgeschieden.

Nachteilig verändert wird dieser Anteil durch gleichzeitiges Vorhandensein anderer Metalle im Mund:

Gold, Palladium, Nickel (Zahnspange bei Kindern) erhöht die Quecksilber-Freisetzung über einen „Batterieeffekt" beträchtlich; das Ausmaß ist abhängig vom pH des Speichels. Exakte Untersuchungen darüber existieren nicht. Man weiß nur, daß dann die Allergiequote besonders hoch ist und viele Metalle in den Organen eingelagert sind.

3
Wirkungscharakter

Die Giftigkeit des Amalgams wird nicht allein vom Quecksilber bestimmt. Es handelt sich hier um eine Mischvergiftung. Die Wahrscheinlichkeit einer Stoffwechselschädigung wird dadurch ebenso vervielfacht wie die der Allergiequote.

Amalgam, das metallisch-graue Zahnfüllungsmaterial, enthält mindestens 50 % flüssiges metallisches Quecksilber, der Rest besteht etwa zu je einem Drittel aus Zinnspänen, Silberspänen und Kupferspänen. Der Zahnarzt mischt unmittelbar vor der Anwendung das flüssige Quecksilber und die Metallspäne zusammen. Die feuchte „Knetmasse" wird in das Zahnloch gestopft. In den nächsten Tagen wird die „Knetmasse" immer härter, weil das Quecksilber abdampft und verschluckt wird. Amalgam bleibt immer eine relativ weiche Metallmischung, aus der die Metalle durch Hitze, Säure und mechanische Einwirkung ausgelöst werden. Jährlich werden bei uns über 20 t Quecksilbermetall in Zähne gestopft (1989 waren es 37,8 Millionen Amalgamfüllungen).

Gefährlich ist das Quecksilber in den Körperspeichern (Kiefer, Gehirn etc.), nicht das, das in Blut, Urin oder Haaren nachweisbar ist.

Bei einem Viertel aller Deutschen fehlt ein Enzym zur Quecksilberentgiftung, die Glutathion-S-Transferase (GST). Nur wenn dieses Entgiftungsenzym in ausreichender Menge im Körper vorhanden ist, verträgt man Amalgam länger.

Auch wenn Quecksilber bei einem intakten Entgiftungssystem zu einem großen Teil wieder ausgeschieden wird, so hat es doch vorher Schäden verursacht. Gespeichertes Quecksilber führt stets zu Schäden, die bei einem Gesunden u.U. erst nach 30 Jahren eintreten können. Wann, wo und welche Schäden eintreten, weiß man immer erst im nachhinein. Hinweise liefert die Tabelle der Giftherde in Kapitel 3.6.1.

Die Quecksilberempfindlichkeit ist erhöht bei:

- Ungeborenen
- Säuglingen
- Kleinkindern
- Mädchen
- Schlanken
- Metallvergifteten
- Lösemittelvergifteten
- Alkoholikern
- Rauchern
- Krebskranken
- Formaldehydvergifteten
- Holzschutzmittelvergifteten

Amalgam macht erst psychisch, dann körperlich krank.

Vergiftungsanzeichen sind:

Antriebslosigkeit wechselnd mit Gereiztheit, Kopfschmerzen, Schwindel, Zittern, Magen-Darm-Beschwerden, Gedächtnisstörungen, Schlafstörungen, Metallgeschmack, Muskelschwäche, Rückenschmerzen, Allergie, Haarausfall, Akne, Nervosität, Depression, Ataxie, Lähmungen, Pelzigkeit, Hör- und Sehstörungen, Infektanfälligkeit, Herzrhythmusstörungen, Anämie, Antriebslosigkeit.

3.1 Wirkkomponenten

Komponenten	Allergie	Immunstörung	Nervenstörung
Blei	30%	+	+++
Cadmium	30%	+	++
Kupfer	20%	+ Leber	+
Palladium	70%	+++	++
Silber	20%	+	+++ Schmerz
Quecksilber	95%	+++	+++
Zinn	70%	+	+++
Zink	30%	++	+

3.1.1 Zinn

Wirkung: Zinn wird genauso wie das Quecksilber im Körper eingelagert.

Vergiftungsanzeichen sind:

zunehmende Schwäche, Antriebslosigkeit, Neuralgien, Schmerzempfindlichkeit, Lähmungen, auf- und abschwellende Schmerzen im Magen-Darm-Trakt, Kopfschmerzen, Heiserkeit, Husten, Kälte- und Wetterempfindlichkeit, Blässe, Sehstörungen, Bronchitis.

Zinn ist ein Zinkfresser, es wird von den üblichen Darmbakterien in das extrem giftige organische Zinn verwandelt, welches das gefährlichste Metall ist, das wir kennen. Zinndämpfe werden ebenso wie Quecksilberdämpfe aus dem Amalgam eingeatmet. Je mehr Quecksilber freigesetzt wird, desto mehr wird auch Zinn freigesetzt. Zinn ist ein sehr starkes Nerven- und Gehirngift, das gleichzeitig das Immunsystem angreift. Die Ausscheidung wird mit DMPS gefördert.

3.1.2 Kupfer

Vergiftungsanzeichen sind:

klonische Krämpfe, Koliken, Sehstörungen, Atembeschwerden, Zähneknirschen, Pelzigkeit (Parästhesien), starkes Zittern, Schwäche, Verstopfung, Allergie, Leberschädigung.

Kupfer ist in organischer Form sehr gefährlich. Es schädigt die Leber und das Gehirn. Im Wasser tötet es bereits in Spuren alle Fische. Kupfer verdrängt das zur Giftausscheidung lebensnotwendige Zink.

Kupfer kommt heute in fast allen Leitungsrohren zur Trinkwasserversorgung vor. Durch Aufnahme von Kupfer mit dem Trinkwasser kann bei Säuglingen die Leber so stark geschädigt werden, daß sie sterben. Kupfer hemmt die Ausscheidung von Quecksilber und Zinn aus dem Körper. Vorsicht bei Kupfergeschirr; das Kochen in Kupfertöpfen ist gefährlich.

Infolge der großen Kupfermengen im Körper und der schwachen Wirkung von DMPS auf Kupfer kann es nicht wirkungsvoll mit DMPS ausgeschieden werden. Man muß durch Entfernung aller Zinkfresser dafür sorgen, daß Zink als Gegenspieler in ausreichender Menge im Körper vorhanden ist. Die Zinkfresser sind zudem auch Selenfresser, Vitaminfresser und zerstören das Immun- und Nervensystem.

3.1.3 Silber

Vergiftungsanzeichen sind:

Angst, Vergeßlichkeit, Denkstörungen, Kopfschmerzen, Schwindel, geringe Belastbarkeit, geistige Schwäche, Muskel-, Bänder- und Gelenkschwäche, Knorpelschwellung, Rückenschmerzen, Rheumatismus.

Silber schädigt die Sehnen, Gelenkknorpel und Gelenke und verstärkt die Giftigkeit der anderen Amalgambestandteile. DMPS fördert die Ausscheidung von Silber nur mäßig, Zink und Selen gelten als wirkungslos. Schwefel in Form von Natriumthiosulfat erreicht nur das Silber außerhalb der Zelle. Wir wissen nur sehr wenig über seine exakte Stoffwechselfunktion. Die erhebliche Silberkonzentration in den Bandscheiben von Operierten zeigt uns ebenso wie die Besserung der Beschwerden bei Bandscheiben- oder Kniekranken, die nicht operiert, jedoch erfolgreich einer Amalgamentgiftung unterzogen wurden, daß Silber keinesfalls als Giftkomponente vernachlässigt werden darf.

Wir bezeichnen Silber im Amalgam als die Schmerzkomponente, es ist das Messer oder der Stachel im Körper. Quecksilber führt zu schmerzfreien Nervenschäden, Silber jedoch zu extrem schmerzhaften Nervenschäden.

> Nerven- und Immunstörung = „Psychosomatik" = Amalgamkrankheit

Auch Tiere mit Amalgam im Mund werden sofort psychosomatisch krank, weswegen kein Tierarzt mehr Amalgam verwendet, da es keine stationäre „Tierpsychosomatik" gibt.

3.2 Wirkungsverstärkung

3.2.1 Zusatzgifte

3.2.1.1 Alkohol

Der Amalgamkranke versucht oft, seine Vergiftungsanzeichen mit Alkohol zu überspielen (Unsicherheit, Schlafstörungen, Zittern).

Gefährlich sind hierbei nicht seltene Exzesse, sondern die häufigen kleinen Minimaldosen. Sie fördern die am Darm entstehenden Umbauprozesse in organisches Quecksilber, das bevor-

Übersicht

Gruppe	Wirkung
Chrom	Allergen, Immungift, löst Autoimmunkrankheiten aus
Dioxine	stärkstes bisher bekanntes Immungift und Nervengift
Formaldehyd	in den Pasten zur Pulpatötung neben Antibiotika, Cortison u.a., wird irreversibel im Kieferknochen eingelagert, starkes Nervengift, krebserzeugend, Herd auslösendes Gift, führt zur Kunststoffunverträglichkeit
Gold	Allergen, löst Autoimmunkrankheiten aus, bindet Amalgam lebenslang
Indium	Allergen, Immungift, löst Autoimmunkrankheiten aus
Keramik	Aluminiumfreisetzung bei schlecht gebrannter Keramik: Allergie
Lindan	hemmt in jeder Zelle an 108 Stellen die Kalium-Natrium-Magnesium einbauenden Enzyme, Nervengift, dioxinverseucht
Metallkeramik	enthält meist Palladium, setzt Aluminium frei, Alzheimergefahr, löst Autoimmunkrankheiten aus, starkes Immungift
Nickel	starkes Allergen, Nervengift, löst Autoimmunkrankheiten aus
Palladium	aus Autokatalysatoren, stärkstes Immungift, Allergen, löst Autoimmunkrankheiten aus
Passivrauchen	je stärker die giftbedingte Hirnschädigung ist, desto stärker ist z.B. die Empfindlichkeit beim Passivrauchen.
Pentachlorphenol	hemmt die oxydative Phosphorylierung und damit die Energieaufnahme, dioxinverseucht (Hausstaub!)
Platin	Allergen, Immungift, löst Autoimmunkrankheiten aus
Pyrethroide	schädigen das Gehirn, führen zum „Multiple Chemical Syndrom", starkes Allergen
Umweltgifte	Amalgam-geschädigter Körper reagiert oft allergisch darauf
Wohngifte	Amalgam-geschädigter Körper reagiert oft allergisch darauf
Zahngifte	alle Chemikalien, die in den Mund eingesetzt werden, verstärken die Amalgamwirkung

zugt bleibend ins Gehirn eingelagert wird. Dies und der zugleich damit gesenkte Zinkspiegel hemmen die Ausscheidung und fördern die Organspeicherung von Quecksilber (und anderer Gifte). Das sofortige Meiden von Alkohol verbessert merklich das Befinden des Amalgamkranken.

3.2.1.2
Aluminium

Manchmal verwenden Zahnärzte als Provisorium Aluminiumkappen. Amalgamkranke bekommen wegen Magenschmerzen oft jahrelang Aluminiummittel (je 2 Gramm), andere trinken viel Dosenmilch oder kochen in Aluminiumgeschirr. Schlecht gebrannte Keramik kann viel Aluminium freisetzen. Nachweis im Kaugummitest. Amalgamvergiftete lagern Aluminium verstärkt im Körper ein. An Gedächtnisschwund Verstorbene (Morbus Alzheimer), hatten neben Amalgam hohe Aluminiumwerte im Gehirn.

Zu Lebzeiten haben viele Amalgamkranke neben Amalgam sehr hohe Aluminiumwerte im kranken Kieferknochen. Sie weisen extreme Gedächtnisstörungen nach einer Einwirkzeit von über 15 Jahren auf. Hohe Aluminiumwerte im Vollblut (evtl. Urin) weisen auf eine hohe aktuelle Belastung hin. Diese abzustellen ist wichtiger, als das Depot mit Gegengift (Desferal in den Muskel alle 6–12 Wochen) zu verringern.

Erfahrungsgemäß bringt bei einer chronischen Aluminiumvergiftung die Entfernung des Mitgiftes wie Amalgam durch DMPS dem Patienten mehr als die alleinige Entfernung von Aluminium durch Desferal. Eisen wird durch Desferal stark vermindert, muß also bei Problemfällen im Auge behalten werden (vor allem bei Kindern im Wachstumsalter und Frauen).

3.2.1.3
Autoabgase

Neben Blei, Platin, Palladium, Titan, Benzol, Methylalkohol, Formaldehyd sind unzählige nerven- und immunschädigende, krebserzeugende Substanzen in den Autoabgasen zu finden. Je höher die im Körper gespeicherte Amalgamkonzentration ist, desto stärker ist die Bleieinlagerung im Kieferknochen. Je mehr tote Zahnwurzeln mit Formaldehyd gefüllt sind, desto stärker ist die Formaldehyd-Stoffwechselstörung durch Aufenthalt im Stadtverkehr. Der Autofahrer atmet die giftigen Abgase der anderen Autos ein. Schon nach einer 20minütigen Autofahrt können erhebliche Mengen aufgenommener Gifte im Körper gemessen werden. Wohnungen an einer vielbefahrenen Autostraße weisen im gekehrten Hausstaub hohe Werte an Blei und Benzol u.a. auf.

Die Giftverstärkung geschieht sowohl über eine Organschädigung (Gehirn, Niere, Immunsystem, blutbildendes Knochenmark) als auch über eine Schädigung des Ausscheidungsmechanismus (Zinkmangel).

3.2.1.4
Dioxine

Dieses stärkste Immun- und Nervengift ist heute in allen Menschen der Industrienationen vorhanden. Es schädigt in jeder Konzentration. Dieses Ultragift potenziert die Amalgamwirkung.

3.2.1.5
Formaldehyd

Statt beherdete Zähne wie früher zu ziehen, werden sie heute wurzelbehandelt und mit einem giftigen Wurzelfüllmaterial gefüllt. Bis vor kurzem wurde Arsen zur Pulpatötung verwendet. Heute werden ausnahmslos formaldehydhaltige Pasten mit einer Reihe von Allergenen (Cortison, Antibiotika) als Wurzelfüllmaterial verwendet.

Dieses Formaldehyd bleibt lebenslänglich im Kieferknochen und wird ständig an den Körper abgegeben. Eine formaldehydhaltige Zahnwurzel verstärkt die Amalgamwirkung etwa hundertfach. Das ständig – Tag und Nacht – ins Blut wandernde Formaldehyd führt durch den amalgambedingten Folsäureverbrauch (Enzym zum Formaldehydabbau) zu einer Abbaustörung. Auch führt das Quecksilber über eine Punktmutation zu einem Gendefekt des Formaldehydabbaus. Im Test (Passivrauchen oder nach Folsäuretablette) zeigt sich dies in einer

Erhöhung der Abbaurate in Form von Ameisensäure im Urin (Immunschäden) und/oder einer Erhöhung der Rückbaurate Methylalkohol (= Methanol; Nervenschäden), aus dem später erneut Formaldehyd und Ameisensäure wird. In diesen Fällen muß als Zahnfüllung ein laborgefertigtes Kunststoff-Inlay eingesetzt werden. Statt Kunststoffkleber besser Zement verwenden. Formaldehyd führt bei einer Abbaustörung zu einer starken Nervosität mit Zittern, zu Denkstörungen, Allergien und schweren Immunschäden bis hin zum Krebs. Im Passivrauch findet sich besonders viel Formaldehyd.

3.2.1.6
Gold

Gold bindet Amalgam. Eine Goldfolie ist das Amalgam-Meßgerät der Zähnärzte in der Arbeitsmedizin. Während nur die Goldlegierung aus 88% Gold plus 12% Platin die ideale Erst-Zahnversorgung darstellt, ist sie für Zähne, die mit Amalgam gefüllt waren, nicht die richtige Therapie, da sie das nicht entfernbare Amalgamdepot im Kieferknochen und Gehirn dann lebenslänglich festhält. Platin vertragen wir oft nicht mehr durch die Platinwolken aus Autokatalysatoren. Unter 90% aller Goldkronen ist ein Amalgamstumpf. Man erkennt dies an der Amalgamspeicherung um die Wurzel und der Amalgamtätowierung in der Schleimhaut.

3.2.1.7
Keramik

Schlecht gebrannte Kassenkeramik (weniger als sechsmal gebrannt) setzt viel Aluminium (bis 31 Mio. µg/kg pro Krone) frei. Als Kleber werden meist formaldehydhaltige Kunststoffe verwendet. Nachweis im Kaugummitest.

3.2.1.8
Lindan

Lindan hemmt in jeder Zelle an 108 Stellen die Kalium-Natrium-Magnesium einbauenden Enzyme; Nervengift; dioxinverseucht; verursacht Leukämien. Nachweis wie bei Pentachlorphenol.

3.2.1.9
Palladium/Titan

Palladium ist häufig in Goldlegierungen für Zahnfüllungen enthalten. Amalgamvergiftete vertragen keine Spuren von Palladium. Titan wird für Implantate, Brücken und künstliche Hüften verwendet.

Die Titan- und Palladiumwolken aus Autoabgasen sind letztlich die Gründe, warum wir diese Gifte plötzlich überhaupt nicht mehr vertragen. Nachgewiesen wird der Abrieb im Kaugummitest. Die Palladium-Allergie (70%!) ist häufig mit einer Nickel-Allergie verbunden. In schweren Fällen muß der Zahn gezogen und die Wurzelhöhle mehrfach ausgefräst werden.

DMPS kann erst nach der Entfernung des Zahnes verwendet werden und scheidet auch dann Palladium nur mäßig aus. Die Symptome einer Palladiumvergiftung sind fast die gleichen wie die vom Amalgam.

3.2.1.10
Passivrauchen

Neben weit über 800 krebserzeugenden Substanzen (Dioxinen) im Zigarettenrauch und Cadmium, das in großen Mengen daraus aufgenommen wird und Nieren und Knochen schädigt (Osteoporose), ist es inbesondere das Formaldehyd, das den passivrauchenden Amalgamvergifteten objektiv stark schädigt.

Beim Passivrauchen werden viel mehr Gifte aufgenommen als beim Aktivrauchen. Hier werden Gifte durch die Hitze der Zigarette zerstört.

Schon nach 20 Minuten Passivrauchen kann der Gehalt der Abbauprodukte Ameisensäure und Methanol (s. Kap. 2.2.6.1 Formaldehyd) im Urin bedrohliche Ausmaße erreichen. Hoher Ameisensäuregehalt schädigt das Immunsystem, hoher Methanolgehalt das Nervensystem. Unsere Chemiegesellschaft schützt jedoch weder Kranke noch Kinder vor solchen Giften.

Tabak wird durch Waschen mit quecksilberhaltigen Mitteln haltbar gemacht. Solange Amalgamkranke noch selbst rauchen, verdienen sie sicher keine ärztliche Behandlung.

3.2.1.11
Pentachlorphenol

Diese Substanz schädigt in jeder Zelle durch Hemmung der oxydativen Phosphorylierung die Energieaufnahme und damit den Energiemotor, der „Motor läuft mit Vollgas und kaputter Kupplung". Das Produkt ist dioxinverseucht. Damit wurden die Wohnungen, die mit pentachlorphenolhaltigen Holzschutzmitteln gestrichen wurden, dioxinhaltig! Es führt zu Hormon- und Nervenstörungen sowie Krebs. Seit 1979 ist es verboten. Nachweis im gekehrten Hausstaub und akut im Vollblut.

3.2.1.12
Pyrethroide

Alle Chemikalien, die Tiere töten (Insektizide, Pestizide) haben langfristig nichts in unserem Wohnbereich zu suchen, da sie in geringsten Spuren das empfindliche menschliche Gehirn schädigen. Viele dieser Gifte können wir heute noch nicht einmal im Blut messen, manche sogar nicht mehr im Hausstaub, dennoch wirken sie auf unseren Körper ein (z.B. Pyrethroide).
Pyrethroide schädigen das Gehirn und führen u.a. zum „Multiple Chemical Syndrom", d.h. einer Neuroallergie auf Umweltchemikalien.

3.2.1.13
Umweltgifte

Das Quecksilber aus Amalgam würde uns wahrscheinlich nie einen so großen Schaden zuführen, wenn nicht durch zahlreiche weitere Langzeitgifte, denen wir täglich ausgesetzt sind, das Entgiftungssystem unseres Körpers und damit das Immunsystem und das Nervensystem bedrohlich angegriffen wären. Entscheidend ist hierbei die Dioxinmenge, die im Körper gespeichert ist.

3.2.1.14
Wohngifte

Einige Hersteller von Chemikalien haben neue Möglichkeiten der Chemie-Umsatzförderung entwickelt, nämlich hochgiftige und spottbillige Abfallchemikalien als Holzschutzmittel in allen Wohnräumen inclusive Kinderzimmern in höchsten Konzentrationen zu verstreichen.

Zwar töten die Gifte alle Fliegen und Pflanzen, aber Todesfälle am Menschen wurden dadurch erwartungsgemäß erst nach Jahrzehnten bekannt.

Schnell schwerkrank wurden zunächst diejenigen, die auch Amalgam nicht vertrugen, dabei wurden die Stoffwechselstörungen deutlich, insbesondere der enzymschädigende Zinkmangel. Mittlerweile wurden Holzgifte-Hersteller in Frankfurt verurteilt.

3.2.1.15
Zahngifte

Umweltbedingte Stoffwechselstörungen werden, oft in jungen Jahren, zusätzlich mit Amalgam verschlechtert. Amalgam schädigt das Zahnfleisch und den Zahnhalteapparat aller im Mund befindlichen Zähne. Die 6-Jahr-Molaren (die ersten bleibenden Backenzähne) sind oft als erstes von Karies befallen, so daß diese Zähne auch die ersten Amalgamfüllungen bekommen. Problematisch sind diese Zähne im Oberkiefer, da sie dreiwurzelig sind. Hier sterben die Wurzeln als erste durch die Gifte ab.

3.2.1.16
Andere Gifte

Unzählige andere Gifte (Nahrung, Kleidung) beeinflussen die Wirkung des Amalgams nachteilig (s. Handbuch der Umweltgifte, ecomed).

Ein Amalgamvergifteter, der mehr als 15 Jahre lang sein Gift aufnahm, wird nie genesen, wenn er nicht alle wichtigen Giftquellen zusammen erkennt und ausschaltet. Behörden kümmern sich nur um die Giftquelle, die jeder kennt und erkennt und deren Stillegung nicht zu aufwendig ist.

3.2.2
Andere Faktoren

3.2.2.1
„Tote" Zähne

„Tote" Zähne können auf dreierlei Art zu Problemen führen:
1. Nerv stirbt von selbst ab, es entsteht ein Verwesungsgift.
2. Nerv (Wurzel) wird mit einem Nervengift getötet.
3. Ein „Silberstift" wird gelegt, d.h. 60% Palladium wird in die vorher getötete Wurzel gelegt (führt zu Wurzelvereiterung und Gelenkschmerzen). Wurzelgetöte Zähne dürfen erst dann entfernt werden, wenn keine Zahnflickstoffe wie Amalgam mehr vorhanden sind, die in die Wundhöhle eindringen können, d.h. nach der Amalgamsanierung.

3.2.2.2
Eingewachsene Weisheitszähne

Da unser Kiefer als „Fleischfresser" für jeweils acht Zähne zu kurz ist, stecken die Weisheitszähne etwa ab dem 14. Lebensjahr im Nervenkanal im Kieferwinkel. Dort führen sie zu einem Dauerreiz, der sich im Oberkiefer negativ auf die Psyche und im Unterkiefer negativ auf die Energie im Zentralen Nervensystem auswirkt. Die Weisheitszähne stecken in der Blutversorgung der gesamten Zahnreihe und können somit das Absterben der Nachbarzähne fördern.

Diese Weisheitszähne gehören spätestens im 16. Lebensjahr samt Zahnsäckchen operativ entfernt – allerdings erst, wenn die Amalgamsanierung vorher abgeschlossen war, da sonst die Gifte irreversibel tief in den Kieferknochen eindringen. Bei Giften wie Amalgam im Kiefer muß die Wundhöhle mit einem Salbenstreifen zur Sogwirkung offengehalten und damit gereinigt werden – auch wenn die Weisheitszähne noch nicht durchgebrochen waren.

Der Salbenstreifen soll das gespeicherte Amalgam aus dem Kiefer „heraussaugen".

3.2.2.3
Strom

Magnetische Strahlung durch Monitore, Computer, Handys, Hochspannungsleitungen, Radiowecker und andere elektrische Geräte.

Stromquellen lösen Bestandteile des Amalgams heraus und ionisieren es. Gleichzeitig vorhandene Metallkronen – insbesondere palladiumhaltige – lösen eine Elektrosensibilität aus.

Ist ein elektrochemischer Vorgang durch das Nebeneinanderliegen von ein oder mehreren Metall-Legierungen neben oder gegenüber von Amalgamfüllungen bereits eingeleitet, erhöht sich die Auflösungserscheinung in einem magnetischen Feld um ein Vielfaches. Ebenso wird die Wirkung von Giftherden, hervorgerufen durch Metallablagerungen, auf den Gesamtorganismus verstärkt.

3.3
Schädigungsmechanismus

Das freigesetzte Quecksilber wird eingeatmet, kommt über die Nase und die Nasennebenhöhlen über den Riechnerv ins Gehirn – besonders in die extrem giftempfindliche Hirnanhangsdrüse – oder über die Lunge mit ihrer riesigen Oberfläche von 400 m² ins Blut. Ein Teil des Quecksilbers wird verschluckt und von den üblichen Darmbakterien in das 100fach giftigere organische Quecksilber verwandelt.

Ein weiterer Teil des Quecksilbers wird über das Zahnfleisch-, die Zahnkanälchen-, die Zahnwurzel und über die Kieferknochen in den Körper aufgenommen. Das aufgenommene Quecksilber verteilt sich im ganzen Körper. Manche Organe speichern Quecksilber besonders stark in folgender absteigender Konzentration: Mundschleimhaut, Zahnwurzel, Tumoren (Krebs), Zysten, Warzen, Akne, Leber, spezielle Hirnareale, Nerven, Nieren, Schilddrüse, Eierstock, Hoden, Bauchspeicheldrüse, Darmschleimhaut, Auge, Innenohr, Muskulatur, Gallenstein u.a.

Quecksilber wird ständig von anorganischem in organisches verwandelt. Organisches Quecksilber ist krebserregend. Amalgam in einer Zahnkavität verteilt sich auf alle Zähne und ihre Wurzeln über den Zahnhalteapparat und kann eine Zahnlockerung auslösen (Parodontose).

Die Art der Giftfixation in der Zelle ist genetisch bestimmt.

Durch die Vielzahl der unterschiedlichsten Angriffspunkte ist das unterschiedliche Symptommuster bedingt. Viele Angriffspunkte sind als eigene Krankheit beschrieben (Alzheimer, Schizophrenie u.a.).

> Wie Quecksilber wirkt, ist bei jedem einzelnen genetisch bestimmt.

3.3.1
Angriffspunkte für Quecksilber in jeder Zelle

Quecksilber blockiert in jeder Zelle an über 60 Stellen den Nervenstoffwechsel indem es sich an die Schwefel-Sauerstoff-Gruppe des Ferments Coenzym A anlegt:

$$Hg - SH - Coenzym\ A$$

Bei dieser Enzymblockade werden betroffen:

Hirnstoffwechsel	Fettstoffwechsel	Formaldehydstoffwechsel
Nervenstoffwechsel	Kohlenhydratstoffwechsel	Spurenelementstoffwechsel
Eiweißstoffwechsel	Vitaminstoffwechsel (A, F, B 12)	

> Für Quecksilber gibt es keine ungiftige Menge.

Energiestoffwechsel:
Oxalacetat – ATP Citrat Lyase
Acetyl-CoA – Aconitat Hydratase (Aconitase)
Malonyl-CoA – Acetyl-Malonyl-Enzym
Eiweiß – Stoffwechsel
Acetyl-CoA – Homocitrat (L-Lysin)
2-Keto-Adipat – 2-Ketoglutrat Dehydrogenase

Succinyl-CoA – N-Succinyl-2-amino-6-Ketopimelat
Propionyl-CoA – Acetyl-CoA Synthetase
Alanin-Alanyl-CoA
Malonsemialdehyd – Malonat Semialdehyd Dehydrogenase
Acetyl-CoA – Lipoat Acetyltransferase
Glyoxylat-L-Malat
Buturyl-Malonyl-Enzym – Buturyl-Enzym
Acetyl-CoA – Homocitrat (L-Lysin)
Nerveneiweiß
Acetyl-CoA – Phosphatacetyltransferase
Acetyl-CoA – Glucosamin-P-Acetyltransferase
Succinyl-CoA – 3-Keto-Adipat-CoA Transferase
Formaldehyd – Stoffwechsel
Formiat – Format-Dehydrogenase
Fettstoffwechsel
Dehydroacyl-CoA – Palmityl-CoA-Enzym
Dehydroacyl-CoA – Dehydrogenierung
Fettsäure-Phospholipase A
L-1-Lysophosphatidat – Glycerol-P Acyltransferase
Dehydroacyl-CoA – l-1-Lysophosphatidat
Acetyl-CoA – Enzym – ACP Acetyltransferase
Cholin – Cholin Acetyltransferase
Sphingosin-Acyl-CoA
Phospholipase A2-Acyl-CoA
D-1, 2-Diglycerid – Triglyceride
Acyl-CoA – Acyl Thiokinase
Acyl-CoA – Carnitin Palmitoyl Transferase
Acetyl-CoA – 3-Ketiacid-CoA Transferase
Acetyl-CoA – Acetyl-CoA Acetyltransferase
3-Ketoacetyl-CoA – Dehydroacyl-CoA
Acetoacetyl-CoA – Acetoacetyl-CoA-Hydrolase
Acetyl-CoA – Hydroxymethylglutaryl-CoA-Syntase (*Schizophrenie*)
Acyl-Carrier-Protein-Holo-ACP-Synthetase
Vitamin A
2-Methylacetoacetyl-CoA – Acetyl-CoA-Acetyltransferase
Retinol (Vitamin A) – Retinol Palmitat Esterase
Hirneiweiß
2-Keto-Isocapronat – CoA-SH
2-Keto-Methylvalerat – 2-Methyl-Buturyl-CoA
3-Hydroxy-3-Methyl Glutaryl-CoA – Hydroxymethylglutaryl-CoA
Glutaryl-CoA – Glutaryl-CoA-Dehydrogenase (*Glutarazidurie*) Reductase
2-(Alpha-Hydroxyethyl-) ThPP – Pyruvat Dehydrogenase
2-(Alpha-Hydroxyethyl-) ThPP – E-Lip-SH
2-Keto-Isovalerat – 2 Isopropylmalat Synthetase
2-Keto-Isovalerat – Isobutyryl-CoA
Gallensäuren
Cholesterol – Cholesterol Acyltransferase
3 Alpha, 7 Alpha, 12 Alpha Trihydroxy-5ß-Cholestanoat – Cholestanyl-CoA
3 Alpha, 7 Alpha, 12 Alpha, 24 Tetrahydroxy-5ß-Cholestanoyl-CoA – Propionyl-CoA
Cholinsäure-Choloyl-CoA – Choloyl-CoA-Synthetase
(Taurin-Taurocholat, Glycerin-Glycocholat)

3.3.2
Amalgamallergie

Die Amalgambestandteile wie Quecksilber und Zinn sind Allergene vom Spättyp. Eine Amalgamallergie kann man nur im Langzeittest nachweisen. Bei einer Amalgamallergie handelt es sich um eine ernsthafte Störung im Immunsystem, wenn das Gift seine schädigende Wirkung bereits im ganzen Zellsystem (s.o.) ausgeübt hat. Beim Auftreten der Allergie ist das Allergen in allen Körperzellen gespeichert und fast gleichmäßig im ganzen Körper verteilt. Das ist sehr tragisch, wenn der Betroffene nach Jahren oder Jahrzehnten erkennt, daß ihn das Gift krank gemacht hat und er es dann restlos entfernen will – was dann natürlich nicht mehr geht.

Die örtlichen Beschwerden wie Kontaktstomatitis, Gingivitis, Lichen ruber der Mundschleimhaut, ständig rezidivierende aphtöse Veränderungen oder eine nicht therapierbare periorale Dermatitis im zeitlichen Zusammenhang der Amalgamversorgung mit dem Auftreten der Krankheitserscheinungen sind nur die Spitze des gesamten Beschwerdekomplexes.

Hinweis auf eine Amalgamallergie ist eine Nickelallergie, da jeder Patient mit einer Amalgamallergie eine Nickelallergie aufweist.
80 % der Patienten mit einer Amalgamallergie leiden auch unter einer Gold- bzw. Palladiumallergie, wenn sie auch eine Goldkrone hatten.

3.3.3
Autoimmunkrankheiten

Jede lange bestehende Allergie auf ein im Körper gespeichertes Allergen kann die Ursache einer Autoimmunkrankheit (AIK) sein. Amalgam war bei 400 nachgewiesenen Autoimmunkrankheiten in 94 % der Fälle die Ursache (in 2 % war Gold die Ursache, 2 % Palladium, 1 % Pentachlorphenol, 1 % Lösemittel).

Amalgam ist damit die wichtigste Ursache von Autoimmunkrankheiten. 5 % der Bundesbürger sterben daran. Alle wichtigen Zivilisationskrankheiten wurzeln in einer Autoimmunkrankheit.

Autoimmunkrankheiten sind Vergiftungen durch Speichergifte wie Amalgam und Gold, die – wie Allergien der Zellen – nach dem „Alles-oder-Nichts-Gesetz" zu einer Zerstörung von Zellen, von Organen oder dem ganzen Körper führen. Autoimmunität ist die Reaktivität des Immunsystems gegen Strukturen des eigenen Organismus (Autoantigene), also gegen „sich selbst".

Der Körper verbrennt von innen heraus. Ohne wirkliche Ursachenentfernung sind AIK tödlich. Cortison schiebt nur manchmal den Tod etwas hinaus und lindert anfangs erst die Symptome, es fördert jedoch zusätzlich zur Ursache der Erkrankung die Abwehrschwäche gegenüber den selbstzerstörerischen Immunkomplexen. Am tragischsten sind die Fälle, in denen die Patienten anstelle einer korrekten Ursachenentfernung mit Psychotherapie vertröstet werden oder verstümmelnd ohne Erfolg operiert werden, wie z.B. eine Darmentfernung bei Colitis. Nach der Giftentfernung kann man als symptomatische Therapie sowohl spezifisch gleichgeartete Antikörper wie T-Lymphozyten zuführen, die dem Autoantikörper helfen, B-Zellen zu produzieren (Rheuma-anti CD4, Thyreotoxikose-T-Helferzellen, Kloni) oder die von den B-Zellen produzierten Autoantikörper über Komplexe binden. Voraussetzung ist jedoch stets die Ursachenentfernung, die bei allen Zivilisationskrankheiten im Entfernen aller Zahnmetalle (unter Schutz!) und Giftherde aus dem Mund besteht.

Autoimmunkrankheiten durch Amalgam

Addison
Allergien
Alveolitis
Alzheimer
Amyotrophe Lateralsklerose
Anämie, hämolytische
Anämie, perniziöse
Anorexie
Asthma
Augen, Sjögren-Syndrom
Augenerkrankung, sympathische
Basedow-Schilddrüsenüberfunktion
Bechterew-Krankheit
Blutgerinnungsstörungen
Chronic-fatigue-Syndrom
Churg-Strauß-Syndrom
Colitis ulcerosa
Crest-Syndrom
Crohn-Krankheit
Dermatomyositis
Diabetes mellitus
Duchenne-Aran-Syndrom
Eklampsie
Endocarditis
Feer-Syndrom
Felty-Syndrom
Fibromyalgie
Gefäßleiden (Vasculitis)
Goodpasture-Syndrom (Niereninsuffizienz)
Guillan-Barré-Syndrom
Haarausfall, totaler (Alopecia totalis, areata)
Hepatitis, chronisch und viral
Herzbeschwerden
Herzbeutelentzündung (Pericarditis)
Herzmuskelentzündung (Myocarditis)
Hirnschrumpfung, angeborene
Hodgkin-Krankheit
Hörschwäche
Kindstod, plötzlicher
Kleine-Levin-Syndrome
Kleinhirnatrophie
Krebs (Brust, Dickdarm, Pankreas, Magen, Lunge)
Leberzirrhose, biliäre
Leukämie (akute myeloische, lymphatische)
Leukopenie
Lungenfibrose
Lupus erythematodes
Magenschleimhautatrophie
Menopause, frühe
Meulengracht
Mikroinfarkte
Miller-Fischer-Syndrom
Mittelmeerakne
Mononucleose
Motoneuronensyndrom
Multifocal motorische Neuropathie
Multiple Chemical Syndrom
Multiple Sklerose
Muskelatrophien
Myasthenia gravis
Myxödem, primäres
Narkolepsie
Netzhautablösung
Neurodermitis
Nierenentzündungen
Pemphigoid
Pemphigus vulgaris
Polyarthritis
Psoriasis
Raynaud-Krankheit
Rheuma (Arthritis)
Rheumatisches Fieber
Schilddrüsenentzündung (Hashimoto)
Schilddrüsenkrankheiten
Schizophrenie
Sehschwäche
Sharp-Syndrom
Sklerodermie
Sprue (Durchfälle)
Stiff-Man-Syndrom
Thrombozytopenien
Thrombozytose
Thyreotoxikose
Tourette-Syndrom
Unfruchtbarkeit
Ureitis, phagozytische
Vasculitis (Herz-, Hirninfarkte)
Wasserkopf, angeborener
Wegenersche Granulomatose
Willebrandt-Jürgens
Wilms-Tumor
Wilson
Zirrhose, kryptogene der Leber
Zöliakie
Zuckerkrankheit

3.4 Symptome („Daunderer-Syndrom")

Nervensymptome:

Aggressivität
Angst vor Neuem
Angst zu ersticken
Antriebslosigkeit
Asozialität
Atemnot
Aufbrausen
Aussprache verwaschen
Bandscheibenschaden
Bauchschmerzen
Bettnässen
Bewußtseinsstörung
Blick für Wesentliches fehlt
Denkstörung, zeitlich, räumlich
Depression
Desinteresse
Doppelbilder
Drogenabhängigkeit
Empfindungsstörungen
Energielosigkeit
Epileptische Krämpfe
Erblindung
Ermüdung, ständige
Erröten, leichtes
Erschöpfbarkeit, rasche
Erstickungsgefühl
Ertaubung
Eßstörungen
Frigidität
Gedächtnisstörungen
Gedächtnisverlust
Gedanken, trübe
Gefühl, hinter einer Mattscheibe zu sein
Gefühl, neben sich zu stehen
Gehirnerkrankung
Gelenk- und Gliederschmerzen
Geruchsstörung
Geschlechtliche Erregbarkeit verändert
Gesichtslähmung
Gesichtszuckungen
Gespanntheit, innere
Gleichgewichtsstörungen
Größenwahnsinn
Herzneurose
Herzsensationen
Herzrhythmusstörungen
Hitzewallungen
Hochdruck
Hörstörungen/Hörsturz
Hyperaktivität
Hypersexualität
Hyperventilationstetanie
Hysterie
Impotenz
Ischialgie
Karzinophobie
Knochenschmerzen
Kopfschmerzen (Migräne)
Krebsangst
Kreuzschmerzen
Lähmungen
Leibschmerzen
Lernschwäche
Libidostörung
Meniskusschmerzen
Menschenscheu
Merkfähigkeit reduziert
Minderwertigkeitsgefühl
Müdigkeit
Multiple Sklerose
Mundschmerzen
Muskelschwäche, -krämpfe
Muskelzuckungen
Nervenschwäche
Neurose
Nervosität
Ökochondrie
Panikanfälle
Pelzigkeit
Polyneuropathie
Rauchen
Reaktion verlangsamt
Reizbarkeit
Rückenschmerzen
Schiefhals
Schizophrene Störung
Schlaflosigkeit
Schlafapnoe (Kindstod)
Schlafstörungen
Schluckstörungen

Schluckauf
Schmerzen
Schreckhaftigkeit
Schreikrämpfe
Schüchternheit
Schwächegefühl
Schwindel
Sehnen-, Bänderschmerzen
Selbstmordneigung
Sehstörungen
Speichelfluß
Stimmungslabilität
Stottern
Taubheitsgefühle
Tics
Trigeminusneuralgie
Unentschlossenheit
Unruhe, innere
Verfolgungswahn
Vegetative Dystonie
Wahnvorstellungen (Halluzinose)
Weinen, Neigung dazu
Wutausbrüche
Zähneknirschen
Zittern, verstärkt bei Intention
Zitterschrift

Immunsymptome:
Allergien
Akne
Anorexie
Appetitlosigkeit
Aphthen, rezidivierend
Asthma
Atemnot, anfallsweise
Blähungen
Bläschen im Mund
Blutarmut
Blutdruck hoch/niedrig
Blutgerinnungsstörung
Blutzuckererhöhung
Bronchitis
Cholesterin hoch
Darmerkrankung, -entzündung
Dermatitis, perioral
Durchfälle
Durchblutungsstörungen
Eisenmangel
Eßstörung
Ekzeme
Elektrosensibilität

Flechtenerkrankung
Formaldehydallergie
Frösteln
Füße, kalte
Gefäßkrämpfe
Gelenkschmerzen
Gewichtsverlust
Gingivitis
Haarausfall
Harndrang, ständiger
Herzmuskelentzündung
Hormonstörung
Hustenreiz
Hypophysentumor
Immunschwäche
Infektneigung
Ischialgie
Juckreiz
Kinderlosigkeit
Kindsmißbildung
Kindstod
Kontaktstomatitis
Krebs
Leberschaden
Lichen ruber Mundschleimhaut
Magengeschwür
Menstruationsstörungen
Metallgeschmack
Mundschleimhaut kupferfarben
Myome
Nasennebenhöhlenentzündung
Neurodermitis
Nierenschaden
Paradontose
Pilzerkrankung
Rachenschmerzen
Regelstörungen
Rheuma
Schnupfen, hartnäckiger
Schuppenflechte
Unfruchtbarkeit
Urin viel (wenig)
Verstopfung
Virusinfekte
Wasserkopf
Zahnverfall
Zahnfleisch blauviolett
Zahnfleischentzündungen
Zahnverfall
Zinkmangel
Zyklusstörungen

3.5 Amalgam-Karriere

Neugeborenes: (über die Mutter) erste Lebensmonate	Wasserkopf, Blindheit, Taubheit, Neurodermitis Unruhe, schreit, trinkt schlecht, Untergewicht, Gelenke überstreckbar plötzlicher Kindstod durch Atemstillstand im Schlaf
Kindergartenalter	Nabelkoliken, Bettnässer, weinerlich, unsozial, Eigenbrötler, „hysterisch", bezugslos, zornig, desinteressiert
Schulalter	Lernschwierigkeiten, Asthma, Blasenschwäche, Sehstörungen, Hörstörungen, Muskelschwäche, Genußmittelsucht (Rauchen, Alkohol), Anämie, Hyperkinetisches Syndrom (Feer)
um 16. Jahr	Schizophrenie (Hebephrenie), Suizidalität, Anorexie, Depression, Drogenabhängigkeit, Regelstörungen, Hypersexualität, asozial, Akne, Antriebslosigkeit
um 20. Jahr	Multiple Sklerose, Migräne, Gelenkschmerzen, Bauchschmerzen, Blasenschmerzen, Nephrose, Gedächtnisstörungen, Schmerzen beim Sport, Herzjagen, Angst, Aggressivität, Augenbrennen, Augenentzündungen, Sehnervzündung, Allergien
um 30. Jahr	Rheuma, Colitis ulcerosa, Morbus Crohn, Zittern, Schwindel, Unfruchtbarkeit, Cholesterinerhöhung, Herzmuskelentzündung, Muskelschwäche, Magengeschwüre, Frösteln, Ovarialzysten, Uterusmyome, Schwindel, Pilzerkrankung, Durchblutungsstörungen
um 40. Jahr	Diabetes, Elektrosensibilität, Kreuzschmerzen, Infektanfälligkeit, Multiple Chemical Syndrom, Formaldehyd-Stoffwechselstörung, Blutgerinnungsstörungen, Morbus Bechterew, amyotrophe Lateralsklerose, Leistungsabfall, Hörsturz, Schlafstörungen, Haarausfall, Schuppenflechte, Ekzeme, Hexenschuß, Lähmungen, Taubheitsgefühl, Nervenschmerzen (Trigeminus), Partnerkonflikt (Scheidung)
um 55. Jahr	Osteoporose, Star, Netzhautablösung, Elektrosensibilität, Nierenerkrankung, Hochdruck, Lebererkrankung, Tinnitus, Mundschleimhautveränderungen, Herzrhythmusstörungen, Tumoren
um 60. Jahr	Schlaganfall, Herzinfarkt, Krebs, Siechtum, Kachexie, Verblödung (Morbus Alzheimer)

Kennzeichen von Amalgam ist die Vielzahl von Symptomen – je nach Einwirkungszeit.

90% aller Erkrankungen werden durch Amalgambelastung mitbeeinflußt oder verursacht. Ärzte, Psychologen und Sozialpädagogen verdienen an den Amalgamfolgen, den Steuerzahler und Krankenversicherungsnehmer kosten sie Unsummen.

3.6 Zahnherde

Amalgam ist ein Antibiotikum. Wo lange ein Antibiotikum einwirkte, entstehen resistente gefährliche Bakterien und Pilze. Diese verwandeln wiederum das ungefährlichere anorganische Quecksilber in das hochgiftige organische Quecksilber, das sich in das Gehirn einlagert.

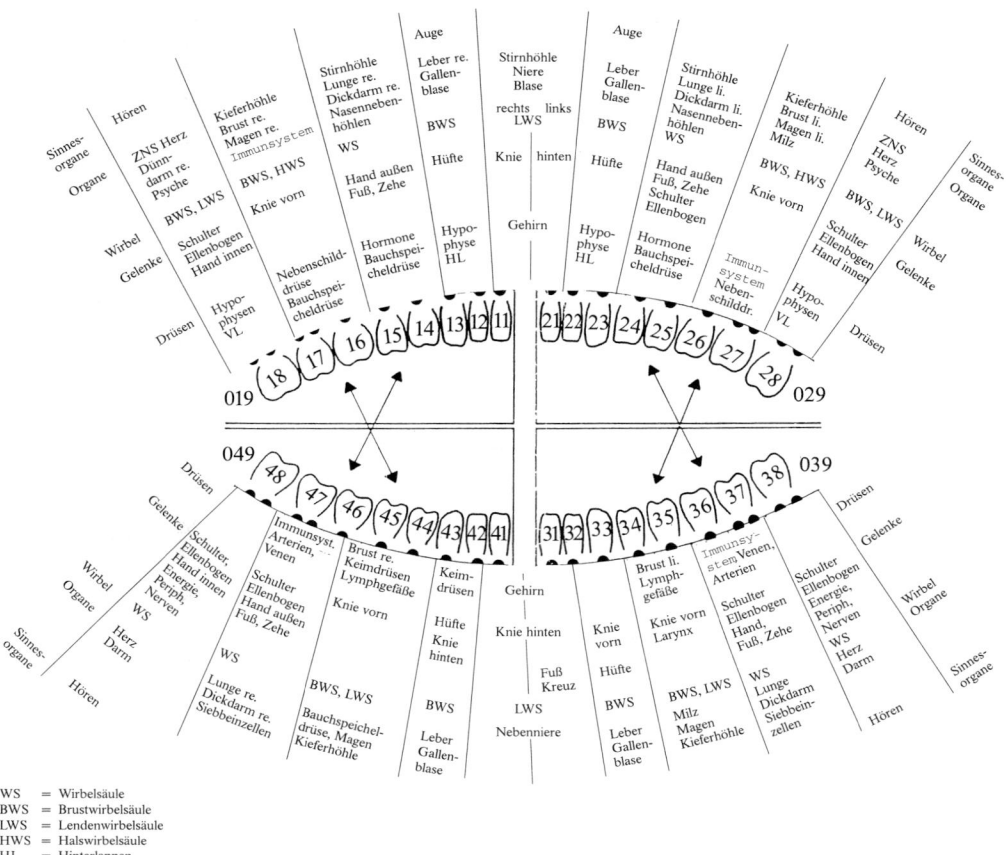

WS = Wirbelsäule
BWS = Brustwirbelsäule
LWS = Lendenwirbelsäule
HWS = Halswirbelsäule
HL = Hinterlappen
VL = Vorderlappen

Der Ort der Entstehung von Bakterien und Viren am Zahnhalteapparat und der Zahnwurzel heißt „Zahnherd". Dieser bleibt ohne Extrembelastungen abgekapselt und schädigt über einen Nervenreiz der im Kopf in der Medulla oblongata zusammentreffenden Körpernerven einzelne Organe. Im Prinzip werden dabei alle Nerven erfaßt, jedoch entdeckten die alten Chinesen vor über 3000 Jahren, daß nach dem Prinzip der Chinesischen Akupunktur bestimmte, den Zähnen zuzuordnende Organe bzw. Organsysteme häufiger geschädigt werden. Man bezeichnet dieses Schema als „Zahnherdschema". Die jeweilige Organschädigung ist die direkte Folge der Amalgamvergiftung und gehört damit zur Amalgamkrankheit. Wie in einem Lexikon kann man im Zahnherd-Schema ablesen, welches Organsystem durch die Amalgameinlagerung geschädigt wurde, d.h. wo eine Autoimmunerkrankung zu erwarten ist.

Zahnherde sind Stoffwechselstörungen durch örtliche Gifte und Umweltgifte. Einen Zahnherd spürt man, wenn man sich an einen Zahn, der in der Kieferaufnahme „beherdet ist", d.h. Entzündungen durch Bakterien, Pilze oder Gifte aufweist, ein örtliches Betäubungsmittel spritzen läßt. Nach ca. 20 Minuten spürt man plötzlich das durch den Herd betroffene Gebiet (z.B. Knie, Wirbelsäule, Auge usw.; s. Herdreiz). Die jeweils dem Zahn zugehörigen Organe sind im obigen Schema aufgezeichnet. Schwierig ist dabei nur: die Zähne haben eine Verbindung rechts und links, unten und oben, vom Gaumen oder der Zungenfläche her, abhängig von der beherdeten Wurzel. Bei dreiwurzelingen Zähnen können z.B. auch eine oder zwei Wurzeln beherdet sein (unauffällige Vitalitätsprüfung).

Für einen Herd typisch ist ein toter Zahn, tiefsitzendes Amalgam (zahnwurzelnah), Amalgam unter Gold, Amalgamsplitter im Kiefer oder unter der Wurzel, aber auch Bakterien und Gifte, die im zahnlosen Kiefer eingeschlossen wurden. Dies ist die häufigste Ursache für einen chronischen Zinkmangel, Rheuma und Herzbeschwerden. Einseitige Zahnherde führen zu einer einseitigen Hirnschädigung mit einer Körperschwäche auf der anderen Seite.

Herdort: Zähne, Mandeln, Blinddarm, Galle, Narben, Kieferhöhle, Siebbeinzellen

Entzündungsstadium:
I. Verborgen – vorhanden, ohne Symptome
II. Ausgebrochen – mit akuten Organschäden
III. Irreversibel – bleibende Organschäden

Diagnose:
1. Röntgen, Magnetbild, Funktionsdiagnostik, Neuraldiagnose
2. Abstrich bakteriologisch und auf Pilze
3. Giftdiagnose (Multi Element Analyse)

Erkrankung	möglicher Zahnherd
Allergien	16, 26, 36, 46
Amyotrophe Lateralsklerose	18, 28, 38, 48, 11, 12, 21, 22, 31
Arterien, Venen	36, 37, 46, 47
Asthma	16, 26
Bauchspeicheldrüse	14, 24, 34, 44
Brust	16, 17, 26, 27, 34, 35, 44, 45
Brust-/Lendenwirbelsäule	18, 28, 34, 35, 44, 45
Colitis	36, 46
Diabetes mellitus	14, 24, 34, 44
Dickdarm/Dünndarm	18, 28, 36, 37, 38, 46, 47, 48, 14, 15, 24, 25
Drüsen	14, 24
Ellenbogen	18, 28, 36, 37, 38, 46, 47, 48
Energie	38, 48
Fuß, Zehen	14, 15, 24, 25, 46, 47, 36, 37, 31, 32
Gallenblase	13, 23, 33, 43
Gehirn	11, 12, 21, 22, 31, 32, 41, 42
Hände (außen)	36, 37, 46, 47, 14, 15, 24, 25
Hände (innen)	18, 28, 38, 48
Herz	18, 28, 38, 48
Hirnherd	11, 12, 21, 22, 31, 32, 41, 42
Hormone	14, 24, 34, 44
Hüfte	13, 23, 33, 43
Hypophysen-Hinterlappen	13, 23
Hypophysen-Vorderlappen	18, 28

Erkrankung	möglicher Zahnherd
Immunsystem	16, 17, 26, 27, 36, 37, 46, 47
Keimdrüsen	43, 44, 33, 34
Kieferhöhle	16, 17, 26, 27, 34, 35, 44, 45
Knie (hinten)	31, 32, 33, 41, 42, 43
Knie (vorn)	16, 17, 26, 27, 34, 35, 44, 45
Krebs	Alle, besonders 36, 46
Kreuz	31, 32, 41, 42
Leber	13, 23, 33, 43
Lunge	14, 15, 24, 25, 46, 47, 36, 37
Lymphgefäße	34, 35, 44, 45
Magen	16, 17, 26, 27, 34, 35, 44, 45
Milz	26, 27, 34, 35
Multiple Sklerose	18, 28, 38, 48, 11, 12, 21, 22
Nasennebenhöhlen	14, 15, 24, 25
Nebenniere	41, 42, 31, 32
Nebenschilddrüse	16, 17, 26, 27
Niere	11, 12, 21, 22
Ohren	18, 28, 38, 48
Psyche	18, 28, 38, 48
Rheuma	Alle
Schulter	15, 25, 35, 45
Stirnhöhle	11, 12, 14, 15, 21, 22, 24, 25
Stirnnebenhöhlen	36, 37, 46, 47
Wirbel und Gelenke	Alle
Wirbelsäule	11, 18, 21, 28, 31, 38, 41, 48
Zentrales Nervensystem	18, 28, 38, 48, 11, 12, 31, 41

Behandlung: Bei einem Zahnherd kommt es nur nach dem technisch korrekten Zahnziehen mit Herdausfräsen zu einer wesentlichen Befundbesserung und ab dem 3. Tag zu starken Beschwerden der Herdorgane, die sich langsam bessern. Alte Herde müssen mehrmals im Abstand von ca. 6 Monaten operativ eröffnet und nachgereinigt werden, wenn die Organbeschwerden wieder unerträglich werden.

Herdreiz

Zur Erkennung der durch einen entzündeten Kieferknochen bedingten Organschäden kann die im Röntgenbild veränderte Zahnwurzel vom Mund aus mit dem örtlichen Betäubungsmittel (ohne Gefäßverengungsmittel und ohne Konservierungsmittel) angespritzt werden, die sogenannte „Neuraltherapie".

Wenn der entzündete Zahn die Ursache einer Schädigung des Endorgans ist, dann schmerzt nach Betäubung des Zahnherdes das entzündete Endorgan. Falls nach dreimaligem Anspritzen des Zahnherdes im Abstand einer Woche das Endorgan nicht wesentlich gebessert ist, muß der Herd saniert werden, d.h. der Zahn gezogen und die Zahnhöhle ausgefräst und mit Terracortril-Streifen zur Wundreinigung so lange versorgt werden, bis der Knochen von der Extraktionswunde zur Mundhöhle zuwächst. Provisorisch kann der Zahnherd von außen massiert werden (z.B. 48 bei Herzbeschwerden).

So „lesen" Sie Ihr Röntgenbild, d.h. so spricht Ihr Zahnarzt von Ihren Zähnen:

Bleibendes Gebiß
Benennung von 1–8; zur Festlegung der Seite und ob oben oder unten liegend wird noch eine 1, 2, 3 oder 4 davor geschrieben:

rechts oben	links oben
18 17 16 15 14 13 12 11	21 22 23 24 25 26 27 28
48 47 46 45 44 43 42 41	31 32 33 34 35 36 37 38
rechts unten	links unten

z.B.
47 = vier-sieben = rechts unten der siebte Zahn, der zweite Mahlzahn
12 = eins-zwei = rechts oben der zweite Schneidezahn

Im Bereich des gestörten Knochenstoffwechsels durch Amalgam werden alle anderen in den Körper meist durch die Atemwege eingebrachten Giftstoffe ebenso eingelagert und verstärken die Amalgamkrankheit. Ohne Vermeidung dieser Zusatzfaktoren wird ein Amalgamkranker jedoch nicht gesund.

3.7
Stoffwechselanomalie

Genetisch bedingt gibt es für Quecksilber eine Anomalie, bei der der Kranke nicht routinemäßig das Gift über die Nieren ausscheidet, sondern hauptsächlich über die Leber. Dann wird Quecksilber über die Galle in den Darm ausgeschieden.

Das führt entweder durch die lokale Reizung zur Colitis oder durch Anreicherung organischer Metalle im Gehirn zur Psychose.

Man kann die Ausscheidung von Hg nach Schlucken eines Gegengiftes im dritten Stuhl messen.

3.8
Vergiftungsgrad

Die Schwere einer Amalgamvergiftung hängt nicht ab von der aktuellen Anzahl von Amalgamfüllungen im Mund bzw. dem versteckten Amalgam als Wurzelfüllmaterial oder unter Goldkronen als Aufbau, sondern vom Ort und der Menge des im Körper gespeicherten Quecksilbers und insbesondere von der Schwere der Allergie auf die gespeicherten Gifte.

> Nicht die Anzahl der Füllungen, sondern die Giftspeicher im Körper und die Stoffwechselanomalien entscheiden über die Schwere einer Vergiftung.

Die Bereitschaft zur Giftspeicherung wiederum ist abhängig von allen oben angeführten Faktoren.

> Der Ort der Giftspeicher entscheidet über die Art der Symptome.

3.9 Vorteile des Amalgams

Neben den unschlagbaren Vorteilen als billigstes Zahnfüllungsmaterial, das sogar von Laien haltbar gelegt werden kann (so war sein Ursprung), hat es weitere unschätzbare Vorteile:

Der Vergiftete erkennt oft schon früh seinen Gesundheitsabbau und verzichtet instinktiv auf andere Konsumgifte und lebensbedrohende Sportarten.

Wenn er von Fremden auf die Zusammenhänge gestoßen wird, hat er oft die Möglichkeit, seine Lebensqualität wesentlich zu verbessern – anders als bei anderen Umweltgiften. Die Laienhilfe führt zu einem Gefühl der Dankbarkeit, das anderen Menschen fehlt.

> Kleinste Dosen regelmäßig sind gefährlicher als einmal eine große Dosis.

Diese Erkenntnis der chronischen Giftwirkung hilft Amalgamkranken, sich im modernen Leben wesentlich besser zu behaupten als Gesunde.

Für die Mediziner bringt Amalgam große persönliche Vorteile.

Der Amalgamvergiftete schädigt die Umwelt viel weniger als ein Gesunder, da er weniger arbeitet und weniger Freizeitaktivitäten pflegt.

Bei ihrer Einstellung zum Amalgam lernt man am besten kennen, was Verantwortliche über die chronische Giftwirkung von Rauchen, Drogen, Autoemissionen, Waldsterben, Formaldehyd, Wohngiften, Holzgiften, Zahngiften u.a. wissen.

> Amalgam am eigenen Leibe ist die beste Umweltlehre.

> Ideen lösen Probleme.

4 Nachweis

Facharztdiagnostik bei der Amalgamvergiftung

Arzt	Symptom	Diagnostik/Therapie
Augenarzt	Sehschwäche	Herdsuche: Sehzahn 13, 23,
	Bindehautentzündungen	(33, 43)
	Sehnerventzündung	Allergieteste
	Netzhautablösung	DMPS-Test
		Autoimmunteste
Gastroenterologe	Magengeschwüre	Autoimmunteste
	Colitis ulcerosa	DMPS-Test
	Morbus Crohn	Probeexcision auf Hg
	Lebererkrankung	
Gerichtsmediziner	Kindstodesfälle	Atemzentrum auf Hg
	Selbstmörder	Hg in spez. Hirnarealen
Gynäkologe	Unfruchtbarkeit	Autoimmunteste
	Ovarialzysten	DMPS-Test
	Uterusmyome	
	Regelstörungen	
Hämatologe	Anämie	Autoimmunteste
		DMPS-Test
Hals-Nasen-Ohren-Arzt	Hörstörungen	mütterliches Amalgam
	Schwindel	7, 8er mit Amalgam
	Hörsturz	Autoimmunteste
	Tinnitus	DMPS-Test
Hausarzt	Leistungsabfall	Blick in den Mund
	Schlafstörungen	Autoimmunteste
	Depression	DMPS-Test
	Cholesterinerhöhung	
Hautarzt	Allergien, Haarausfall, Akne (Amalgamakne)	Epicutanteste auf alle Zahnmaterialien (7 Tage)
	Mundschleimhautveränderungen	Autoimmunteste
		DMPS-Test
	Schuppenflechten	
	Ekzeme	
Immunologe	Infektanfälligkeit	DMPS-Test
	Frösteln	Autoimmunteste
	Pilzerkrankung	
Kardiologe	Herzrhythmusstörungen,	Herdsuche: 38, 37, 48 (47)
	Herzinfarkt	Autoimmunteste
	Herzmuskelentzündung	

Arzt	Symptom	Diagnostik/Therapie
Kinderarzt	Angeborene Mißbildungen (Wasserkopf)	DMPS-Test (Stuhl)
	Gewichtsverlust	MR-Kopf
	Hyperkinetisches Syndrom (Feer)	
	Schuppenflechte	
	Anämie	
Nervenarzt	Depression, Wahn (Schizophrenie)	DMPS-Test, mit Stuhlmessung
	Nervosität	MR-Kopf
	Aggressivität	Autoimmunteste
	Angst	
	Schlaflosigkeit	
	Antriebslosigkeit	
	Elektrosensibilität	
Neurologe	Hexenschuß	DMPS-Test
	Lähmungen	Autoimmunteste
	Nervenschmerzen (Trigeminus)	MR-Kopf
	MS	
	Alzheimer	
	Muskelschwäche	
	Sehnen-Bänder-Schmerzen	
	Zittern	
Nephrologe	Nierenerkrankung	A1-Mikroglobulin
	Blasenerkrankung	DMPS-Test
	Hochdruck	Herdsuche
Onkologe	Tumor	Tumor auf Hg
		Autoimmunteste
		Expositionsstop
Sportarzt	Leistungsabfall	DMPS-Test
	Sehnen-Bänder-Entzündung	Autoimmunteste
	Herzmuskelentzündung	

> Voraussetzung für eine korrekte Behandlung ist der Nachweis.

> Eine Vergiftung ist bewiesen, wenn nachgewiesen sind:
> Gift + Giftaufnahme + Giftwirkung.

Korrekt bewerten kann ein behandelnder Arzt oder Zahnarzt eine Amalgamvergiftung nur, wenn *alle* Nachweise vorliegen. Dies ist besonders für Gerichtsverfahren von Bedeutung.

> Nur wer viel mißt kann mitreden.

4.1
Gift-Nachweis

4.1.1
Kaugummitest

Während zehnminütigen Kaugummikauens oder Zähneputzen morgens (zwei Stunden vorher nichts mehr kauen) den Speichel sammeln. Dieser ergibt bei der Untersuchung im TOX-Labor den Beweis dafür, wieviel Gift aus dem Zahnflickstoff freigesetzt wird. So kann man erkennen, ob minderwertiges Amalgam aus dem Ausland mit Blei oder Cadmium eingesetzt wurde oder stark allergisierendes Amalgam mit Palladium, Indium oder Zink aus Deutschland.

Veraltete und korrodierte Amalgamfüllungen können ebenso wie bei gleichzeitig vorhandenen Metallegierungen im Mund (Nickelbrücken oder Palladiumkronen) ungeheure Giftmengen freisetzen.

Schwere Vergiftungen werden beobachtet, wenn die Konzentrationen von Quecksilber und Zinn zusammen über 50 µg/l betragen.

Nach Ansicht der Zahnärzte gibt es überhaupt keinen Wert, bei dem die Vergiftung gestoppt werden müßte. Es wurden bei vergifteten Patienten bis zu 4 Millionen µg Quecksilber pro Liter Speichel gemessen. Trinkwasser wäre bei einem Quecksilbergehalt von 1 µg pro Liter unverkäuflich, obwohl dieses nachts, im Gegensatz zu Amalgamfüllungen, keinen Quecksilberdampf abgibt.)

Man mißt neben Quecksilber noch Zinn, Silber und Kupfer sowie Blei, Cadmium, Palladium u.a. mittels einer MEA (Multielementanalyse).

Je höher die Meßwerte im Kaugummitest ausfallen, desto höher sind die Gifteinlagerungen in den Organen (s. DMPS-Test).

Grenzwerte
Für Ultragifte wie Quecksilber und Zinn, die auf jeden Fall schädigen, gibt es keine Grenzwerte. Das Ausmaß der Schädigung ist davon abhängig, wie labil der Organismus ist. Für Kranke und Kinder muß daher vorsorglich jeder Giftkontakt gemieden werden und es wird so vorgegangen wie bei Asbest, bei dem jeder Giftkontakt bei der Entsorgung strikt gemieden werden muß. Für Allergiker und Autoimmunkranke gilt das höchste Vermeidungsgebot mit dem Grenzwert Null.

> Für Amalgam gibt es keine unbedenkliche Menge, also auch keinen Grenzwert.

4.2 Giftaufnahme-Nachweis

4.2.1 Hinweise

Erfahrene Ärzte können Techniken zur raschen Orientierung über die Vergiftungsfolgen benutzen. Voraussetzung für deren Einsatz ist allerdings die Erfahrung mit mindestens 500 Verläufen von Vergiftungen und deren Meßwerten. Dem Patienten können dann oft langwierige Untersuchungen und Operationen erspart werden.

> OPT und MR dienen dem erfahrenen Arzt zur Orientierung bei der Diagnose.

4.2.1.1 Zahnwurzel-Übersichtsröntgen (OPT)

Wird auch Kiefer-Panorama-Röntgenaufnahme bzw. Orthopantomogramm genannt.

Die Strahlenbelastung einer Panoramaaufnahme beträgt höchstens etwa ein Hundertstel der Einwurzelaufnahmen (= 1 Zahn), bei denen die Röntgenstrahlen von oben ohne Schutz durch den Körper ziehen, sich ständig an Brustbein und Wirbelsäule reflektieren und die Keimdrüsen erheblich schädigen können. Die Strahlenbelastung einer Einzelaufnahme entspricht also etwa 100 Panoramaaufnahmen! Zahn-Einzelaufnahmen sind außerdem für die toxikologische Begutachtung völlig wertlos, da der Bereich unter der Wurzel auf der Abbildung fehlt.

> Ein gesunder Knochen hat in dem OPT ein gleichmäßiges Webmuster ohne weiße und schwarze Flecken.

Man beurteilt den Zahnhalteapparat, den Zahnhals, die Gefäß- und Nervenversorgung (Nervenkanal), die Knochendichte, das Kiefergelenk, den Kieferboden, die Nasennebenhöhlenschleimhaut, Polypen im Kiefer, Lymphknoten im Kieferwinkel, Fremdstoffe im Knochen, Metallsäume und Ablagerungen anderer Stoffwechselgifte.

Der Kiefer ist unser Filter und Speicherorgan für alle eingeatmeten sowie im Kiefer implantierten Gifte. Der Erfahrene erkennt im speziellen weichen und strahlungsarmen Kiefer-Panorama-Röntgenbild („OPT") alle wichtigen Langzeitgifte und wie der Körper auf diese Fremdstoffe reagiert.

Erkennen kann man in einem OPT Metallherde, Pestizide, Lösemittel, PCP, Formaldehyd im Kiefer, tote Zähne (z.B. wurzelbehandelt), Weisheitszähne mit Herden (z.B. eingewachsen im Nervenkanal).

Lokalisation im Kiefer	Gift	Erscheinung in der Panoramaaufnahme
aufsteigender Kieferwinkel	Formaldehyd (durch aktives oder passives Rauchen)	punktförmig, Nervenkanalränder von hellem Saum umgeben
	Lösemittel, PCP, Pestizide	schwarze Seen
unter den Wurzelspitzen	Metalle Osteomyelitis Formaldehyd	helle, girlandenförmige Herde, zwischen den Wurzeln scheibchenförmig hell, punkt- oder kommaförmig
	Lösemittel, PCP, Pestizide	dunkle Areale schwarze Seen (unter den 6ern)
am Kieferboden	Amalgam Metalle (Palladium, Gold)	heller, nebelartig weicher Spiegel heller, striemenartig harter Spiegel

Gifte führen langfristig im Kieferknochen zu Eiter und Zahnverfall. Alle Gifte im Kiefer führen zu Zahnherden und damit zu Organschäden. Die Lage der Gifte und der dadurch entstandenen Zahnherde im Kiefer bestimmen nach dem 3000 Jahre alten chinesischen Akkupunkturschema die Art der Organschäden.

Wir unterscheiden folgende Herdbereiche im Kiefer:
Gehirn, Augen, Ohren, Nerven, Herz, Magen-Darm, Brust, Rheuma, Hormone, Diabetes, Allergien usw.

Die gefundenen Veränderungen sind Hinweise, die mit anderen Diagnostikverfahren abgeklärt werden müssen (s. TOX-Untersuchung der Zahnwurzel für Metalle, SPECT für Lösemittel u.a.).

Abbildung Zahnwurzel-Übersichtsröntgen

4.2.1.2
Kernspinaufnahme des Gehirns

Wird auch MR (Magnetresonanztomographie) genannt. Eine Kernspinaufnahme ist kein Röntgen, sondern eine Untersuchung im Magnetfeld – ohne Kontrastmittel (Gadolinium). Je mehr Metalle im Mund sind, desto stärker sind die magnetischen Mißempfindungen bei der Untersuchung im Kopf. Dies kann sich als Klaustrophobie äußern, da man bei alten Untersuchungsgeräten bis zur Brust in eine enge Röhre geschoben wurde. Heute gibt es offene Geräte.

Besonders Patienten mit einer Palladiumversorgung leiden unter der Elektrosensibilität durch das starke Magnetfeld.

Im MR erkennt der erfahrene Arzt Einlagerungen und wie das Gehirn auf Fremdstoffe im Kiefer und in Nasennebenhöhlen reagiert sowie giftbedingte Hirnschrumpfungen, Entzündungszeichen, eine MS, angeborene Mißbildungen, Veränderungen am Auge, im Innenohr, im Kleinhirn, im Atemzentrum u.a.

Eine Auswertung bezüglich der Giftbefunde ist nur dem Kliniker in Zusammenhang mit den anderen toxikologischen Beweisen und Verläufen möglich. Der Radiologe kann nur die morphologischen Veränderungen feststellen, z.B. erweiterte Virchow'sche Räume, die Ursache bleibt ihm verborgen. Die vermuteten Gifte (s. OPT) können in der MR-Spektroskopie nachgewiesen werden.

Herde:
Zahnfächer:
Amalgam, das die Wurzeln umgibt, stellt sich in der Aufnahme metalldicht dar. Auch alle anderen Metalle, wie Blei, Wismut, Aluminium u.a., sieht man ähnlich eingelagert.

Im operativ entfernten Speicher kann man eine exakte toxikologische Aufschlüsselung der Speichermetalle durchführen.

Kieferhöhlen:
In der Schleimhaut können die gleichen Metalle eingelagert sein wie in den Zahnfächern. Während eine normale Schleimhaut im Bild schwarz erscheint, ist eine metallreiche Schleimhaut leicht bis intensiv weiß. In Verdachtsfällen kann durch Entnahme einer Gewebeprobe eine Metallanalyse (MEA) erfolgen.

Hypophyse:
Im Vorderlappen werden eingeatmete Metalle eingelagert (z.B. bei Zahnärzten), im Hinterlappen werden Zahnmetalle (Amalgam, Palladium) eingelagert.

Stammhirn:
Alle eingeatmeten Gifte lagern sich im Stammhirn ab. Herde, die hier lokalisiert sind, führen zum Multiple Chemical Syndrom; d.h. zur Unverträglichkeit aller eingeatmeten Gifte und zur Allergie auf alle Arzneimittel (Vitamine, Psychopharmaka). Im Atemzentrum findet man Giftherde durch Amalgam, die zur Schlafapnoe führen.

Kleinhirn:
Eingeatmetes Amalgam führt im Kleinhirn-Rand zu Metallspeichern, die infolge der Bahnunterbrechungen zu zentral bedingten Gehstörungen (Rollstuhl!) führen können. Metalleinlagerungen dort können auch zur Kleinhirnschrumpfung (Atrophie) führen.

Großhirn:
Metallspeicher im Großhirn können zur Hirnschrumpfung (Atrophie) führen.

Seitenventrikel:
Jeder Amalgamträger und jedes Kind einer amalgamtragenden Mutter weist in den Seitenventrikeln grieselige Metalleinlagerungen in der Größe eines Stecknadelkopfes auf, die UBOs (unknown bright objects, white matter lesions) heißen.

Wenn sich Patienten mit vielen solchen Giftspeichern im Gehirn Amalgam ohne Dreifachschutz entfernen ließen bzw. als Alternative Palladium erhielten, fanden wir im Kontroll-Kernspin in über 200 Fällen große Flecken (Multiple Sklerose) mit entsprechenden Nervenausfällen bis hin zur Angewiesenheit auf den Rollstuhl. Andererseits ließ eine korrekte Amalgamentfernung mit anschließender Entgiftung alle UBO-Zeichen nach Jahren verschwinden.

Im Metallmodus unterscheiden sich Amalgamspeicher von Gefäß- (Mikroembolie) und Gewebeveränderungen (Fette).

Pallidum:
Hirnkern, der, wenn er in der rechten Gehirnhälfte beherdet ist, eine überdrehte Fröhlichkeit (Manie), links eine Depression auslöst. Häufig findet man Herde bei MS (Multiple Sklerose). Selten sind die Herde rechts und links gleich stark (manische Depression), meist jedoch nur links stark ausgeprägt, sehr selten nur rechts. Nach jedem Amalgamausbohren beobachtet man bei Patienten Veränderungen.

4.2.2 Beweise

4.2.2.1 DMPS-Test

DMPS ist das von Hahnemann, dem Urvater der Homöopathie empfohlene Salz der Schwefelleber, das einzige schonende Gegengift der Quecksilbervergiftung, welches auch giftige Mitkomponenten wie Zinn, Blei und Cadmium aus dem Körper schleust. Das Messen der nach einer versuchsweisen einmaligen Gabe des Gegengiftes im Urin ausgeschiedenen Giftmenge ist ein Beweis für das Ausmaß der Giftspeicherung im Körper.

DMPS = Dimercapto-propan-sulfonat, ist ein Schwefelsalz, an das sich Quecksilber im Blut bindet, d.h. ein Metallsalzbinder. Bei einer chronischen Vergiftung kommt es zunächst zu einer schwallartigen Ausscheidung aller Gifte an Schwefel gebunden über die Niere und den Darm (auch Haut und Lunge). Zunächst werden die Gifte aus den Nieren und der Leber ausgeschieden. Danach kommt es zu einer „Sog"-wirkung auf die Speicherorgane, insbesondere auf das Gehirn.

Besonders die Hirnentgiftung wirkt oft wie das Öffnen einer Sektflasche. Die Umverteilung der Gifte aus Organen ins Blut, nachdem das Blut durch DMPS giftfrei war, benötigt bis zu 6 Wochen. Danach ist wieder die höchste Giftkonzentration im Blut, den Nieren und der Leber feststellbar.

Die DMPS-Spritze hat sich daher besonders gut bewährt. Solange Amalgam im Mund ist, wird jedoch die Neuaufnahme des Giftes in den Organismus nach jeder DMPS-Gabe verstärkt, d.h., die Ausscheidung nimmt laufend zu. Bei jeder Entgiftung müssen die Quecksilberwerte in Urin und drittem Stuhl gemessen werden.

Handelspräparate:
— Dimaval (Fa. Heyl, Berlin) Kaps. 100 mg, Amp. 250 mg
— Unithiol (Fa. Oktober, St. Petersburg) Amp. 500 mg
  Das russische Präparat wirkt durch die andere Herstellung wesentlich schwächer, allergieärmer.

Gegengift	gespritzt mg/kg KG	geschluckt mg/kg KG
	(Nierenentgiftung)	(Leberentgiftung)
DMPS	3,5	1,5–12
DMSA	-	1,5–12

Eine Besserung der Symptome ist zum Teil erst nach mehreren Mobilisationen spürbar.

Bei Weiterbestehen der Beschwerden und fehlender Giftausscheidung sollte eine Stoffwechselanomalie, bei der nach intravenöser DMPS-Spritze Quecksilber nur über den Stuhl ausgeschieden wird, ausgeschlossen werden.

4.2.2.1.1
Spritze Muskel/Vene

Spritzen in die Vene eignen sich besonders für die Diagnosestellung, weil die Aufnahme aus dem Blut in die Wirkorgane binnen 10 Minuten geschieht, in weiteren 10 Minuten die Niere und in 20 Minuten die Leber die wesentliche Giftmenge abgeben. Wird die Spritze in den Muskel gegeben, benötigt die Aufnahme von dort ins Blut weitere 15 Minuten. In der Urinportion ist ca. 45 Minuten, nachdem die Spritze in die Vene oder in den Muskel erfolgt ist, die größte Menge Gift nachweisbar.

Der Teil von DMPS, der über die Leber in die Galle ausgeschieden wird, scheidet von dort die Quecksilbermenge über den Stuhl aus, der in der Portion ab dem dritten Stuhl gemessen werden kann. Dort ist in den gefährlichen Fällen auch organisches Quecksilber nachweisbar.

Da durch die Spritze der Hauptanteil des Giftes über die Nieren ausgeschieden wird, sollte man in den extrem seltenen Fällen einer schweren Nierenerkrankung (Kreatinin über 4,5 mg/g) die Erstausscheidung über den Stuhl mit DMPS-Kapseln einleiten. Die Spritze in den Muskel scheidet die Gifte langsamer und länger und damit schonender aus. Allerdings sind die Meßergebnisse nicht so verläßlich und der Heilungseffekt für den Patienten nicht so auffällig – der oft erst durch das Gegengift erfährt, was Quecksilber u.a. im Körper bewirkte.

Bereits Neugeborene dürfen eine DMPS-Spritze erhalten (1 ml = 50 mg in den Muskel).

4.2.2.1.2
Nicht 24-Stunden-Urin

Bei dem Versuch, die hohen Giftspeicherungen Amalgamvergifteter auf dem Papier zu senken, kamen Erlanger Arbeitsmediziner auf die Idee, den DMPS-Test des Autors zu verfälschen. Obwohl DMPS nur 2–4 Stunden wirkt, empfahlen sie, den Gifturin mit der 25fachen Menge giftfreien Urins zu verdünnen – ein Verfahren, das nie bei einer bekannten Giftausscheidung verwendet wird. Alkoholsünder müßten nach dieser Methode nach einem Verkehrsunfall in gleicher Art einen 24-Stunden-Alkohol bestimmt bekommen, anstelle der höchsten Konzentration gleich nach dem Unfall.

Wenn man 24-Std.-Urin sammelt, muß man 5 Ampullen DMPS im Abstand von je 4 Std. spritzen, da die Metalle jeweils kurz nach einer Spritze ausgeschieden werden (teuer, umständlich, belastend).

Kreatinin als Umrechnungsfaktor:
Wenn jemand wenig trinkt, hat er viele Gifte und einen hohen Kreatininwert im tiefgelben Urin, wenn jemand viel trinkt, hat er wenig Gifte im wasserklaren Urin. Um vergleichen zu können, mißt man immer auch den Kreatininwert und berechnet die Gifte auf 1 g Kreatinin,

Amalgam

d.h., man teilt den Giftwert durch den Kreatininwert. Für den Organismus sind natürlich hohe Giftwerte im konzentrierten Urin langfristig schädlicher. Viel trinken ist bei jedem Nieren-Gift stets günstig.

Umrechnungsfaktoren: 24-Stunden-Wert × 25 = Spontanurin
Kapselwert × 3 = Spritzenwert
(da DMPS-Kapseln nur zu ca. 30% ins Blut kommen)

z.B. nach 3 Kapseln im 24-Stunden-Urin = 5 µg/g Kreatinin = 5 µg/g × 3 × 25 = 375 µg/g Kreatinin

Da Kassen den 24-Stunden-Urin-Test nicht zahlen, ist er bei chronischen Vergiftungen illusorisch.

Wir lassen den Urin 45 – 60 Minuten nach der Spritze untersuchen.

4.2.2.1.3
Organisches Quecksilber

Im DMPS-Test gibt uns der Anteil des organischen Quecksilbers (Methyl-Quecksilber) Auskunft über die Schwere der Organschäden, er ist abhängig von der üblichen Umbaurate.

1. Normalbefund

Normal ist 30% Methyl-Quecksilber vom gesamten ausgeschiedenen Quecksilber.

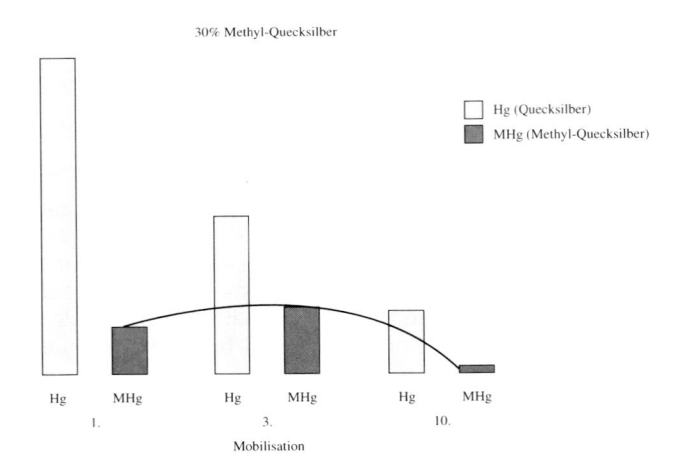

2. Schwere Organschäden

Bei schwersten Nervenschäden oder Krebs ist der hohe Anteil des organischen oder Methyl-Quecksilbers typisch (über 60%).

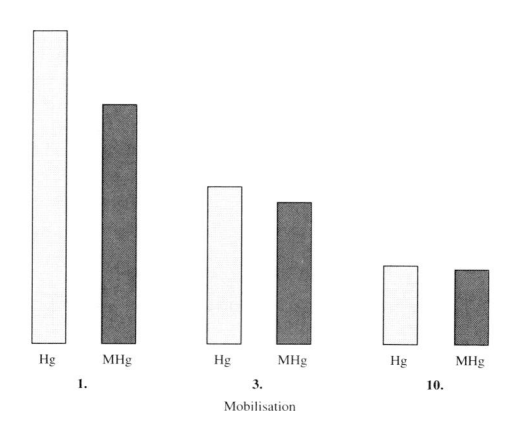

[Balkendiagramm: Hg und MHg bei 1., 3. und 10. Mobilisation]

Hier ist die Entgiftung sehr wichtig. Anfangs möglichst Injektionen, später Kapseln oder DMSA-Pulver möglich.

4.2.2.1.4
DMPS-Kapseln

Dimaval-Kapseln sind nur für die akute Quecksilber- und Arsenvergiftung mit einer Dosis von täglich 3 Kapseln beschriftet. Täglich 3 Kapseln wären jedoch ein Wahnsinn bei einer Amalgamvergiftung, bei der das ganze Gift in den Organen gespeichert ist und nur ganz langsam herausgelockt werden kann. Vor der Einnahme von Kapseln müssen die Patienten eingehend aufgeklärt werden.

Kapseln werden unsicher über den Magen-Darm-Trakt aufgenommen und fördern die Giftausscheidung über den Darm (Stuhl) sehr stark, was bei entzündlichen giftbedingten Darmerkrankungen (Colitis ulcerosa, Morb. Crohn) unnötigerweise zu einem Entzündungsschub führen kann.

Eine Spritze, die die hauptsächliche Giftausscheidung über die Nieren bewirkt, würde dies vermeiden. Die Kapseln werden etwa zu einem Drittel ins Blut aufgenommen, müßten demnach dreifach stärker dosiert werden (10 mg statt 3 mg pro Kilogramm Körpergewicht) als die Spritze, um nicht durch die niedrige Dosis eine Allergieneigung zu verstärken. Die Kapsel-Gabe ist sehr viel teurer als die Spritzen, da die aufgenommene Gegengiftmenge die ausgeschiedene Giftmenge bestimmt und eine Spritze der aufgenommenen Gegengiftmenge von 12 Kapseln entspricht.

Bei Psychosen (Schizophrenie) mit einer Stoffwechselstörung und einer erhöhten Quecksilberausscheidung über den Stuhl hat sich im Gegensatz dazu die häufige Gabe einer DMPS-Kapsel (Dimaval) sehr bewährt (zwei- bis dreimal pro Woche 100 mg). Dies ist jedoch eine Ausnahme.

Allergien gegen DMPS:
Bei einer Allergie auf Schwefel-Quecksilber (Thiomersal, Mercaptobenzothiazol) besteht auch eine Allergie auf DMPS und DMSA. Vorausgegangene Schwefelgaben oder ein Autoka-

talysator beschleunigen diese Allergie. Bei einer Schwefelallergie ist jede chemische Entgiftung unmöglich. Die Entgiftung muß dann operativ durchgeführt werden. Wirkungsvolle Alternativen gibt es nicht. Nach etwa 3 Mio. DMPS-Testen bisher in Deutschland ist es nicht mehr sehr wahrscheinlich, daß eine schwere chronische Vergiftung neu erkannt wird.

Eine DMPS/DMSA-Allergie läßt sich leicht im Epicutan-Test (7 Tage) oder LTT-Test (Tel. 089/54 30 80) erkennen.

Giftausscheidung nach DMPS

Die Höhe der Giftausscheidung ist nur für Gesunde relevant. Für Kranke (Allergiker) gilt bei allen Giften der Grenzwert Null.

Der Alkoholkranke mit Leberzirrhose kann mit 0,4 Promille Alkohol sterben, obwohl er noch fast mit der doppelten Giftmenge im Blut ein Auto steuern darf (Grenzwert 0,8 Promille). Grenzwerte gelten nur für gesunde Erwachsene. Falls die Quecksilberkonzentration nach der DMPS-Spritze über 50 Mikrogramm im Urin liegt (umgerechnet auf 1 g Kreatinin = µg/g Kreatinin = besserer Vergleich verschieden konzentrierten Urins, s. Kap. 3.1.2.2), weiß man, daß der Körper eine Hilfe zur Giftausscheidung braucht, damit nicht zuviel Gift im Hirn abgelagert wird. Dies gilt umso mehr, wenn die anderen Giftbestandteile des Amalgams wie Zinn, Kupfer, Silber oder auch andere Stoffe wie Aluminium, Formaldehyd u.ä. ebenso erhöht sind.

Durch die Gabe des Antidotes DMPS werden die Schwermetalle in folgender Reihenfolge ausgeschieden:

Zink – Zinn – Kupfer – Arsen – Quecksilber – Blei – Eisen – Cadmium – Nickel – Chrom

Kupferdepot

Bei jeder chronischen Metallvergiftung kommt es dann zu einem relativen Kupferdepot, wie es im DMPS-Spritzentest (Kupfer über 500 µg/g Kreatinin) zu erkennen ist, wenn in der Zelle zugleich ein Zinkmangel besteht. Anders ist ein Zinkmangel der Zelle nur zu erkennen, wenn man Zink in den roten Blutzellen (Erythrozyten) mißt.

Das Kupferdepot verschwindet erst, wenn alle giftigen Metalle (Arsen, Blei, Cadmium, Quecksilber, Wismut, Zinn u.a.) aus dem Körper entfernt sind und sich damit der Zinkmangel der Zelle wieder normalisieren konnte. Das Kupferdepot ist ein Indikator für eine Metallvergiftung.

DMPS senkt das Kupfer nicht direkt. Bei dem Kupferdepot der Zelle kann Kupfer im Blutserum und im 24-Stunden-Urin normal sein. Mit einer Kupfer-Speicher-Krankheit (Morb. Wilson) hat das nichts zu tun.

4.2.2.2
DMSA-Test

DMSA wirkt ähnlich wie DMPS. In Deutschland ist es noch nicht im Arzneimittelhandel erhältlich und muß daher vom Chemiehandel als Pulver bezogen werden. DMSA bindet das über die Leber und Galle in den Darm wandernde Gift, so daß es über den Stuhl den Körper verlassen kann und nicht wieder ins Blut und von dort in die Speicherorgane wandert.

Im Zahn, bzw. Kiefer liegende Giftdepots können nicht mit DMSA entfernt werden, sie müssen vorher chirurgisch entfernt werden. Säuglinge und Kinder, welche durch mütterliches Amalgam vergiftet wurden, sind mit DMSA am besten zu entgiften.

> Bei Multipler Sklerose verbietet sich die orale DMSA-Gabe
> (hier DMSA- oder DMPS-Schnüffeln)!

Anwendung:
Man schluckt 100 mg DMSA-Pulver, d.h. eine Messerspitze voll mit etwas Wasser. Im 3. Stuhlgang nach Schlucken des Pulvers, dem sogenannten Mobilisationsstuhl (Stuhl II), wird die ausgeschiedene Giftmenge gemessen. Als Vergleichswert dient die Messung des Giftes im sogenannten Spontanstuhl (Stuhl I) vor der Mobilisation. Die Differenz beider gemessener Giftmengen zeigt die verstärkte Giftausscheidung.

Die Differenz von Stuhl I zu Stuhl II gibt außerdem Hinweise, in welchem Abstand eine erneute DMSA-Gabe sinnvoll ist. Die Giftausscheidung über den Stuhl ist im Vergleich zur Ausscheidung über den Urin besonders bei Stoffwechselanomalien erhöht (u.a. Colitis, Schizophrenie).

Richtwerte:

Differenz der gemessenen Giftmengen in Stuhl I und Stuhl II	DMSA-Gabe
bis 5 µg/kg	alle 6 Wochen
über 10 µg/kg	alle 4 Wochen
über 50 µg/kg	alle 2 Wochen

Durchführung des Stuhltestes:
Röhrchen I: vor Behandlungsbeginn Stuhl (ca.1 Kaffeelöffel) einfüllen,
Röhrchen II: dritten Stuhl nach dem Schlucken einer Messerspitze voll (100 mg) DMSA mit unterschriebenem Antrag ans TOX-Labor senden.
Die Giftausscheidung unter der Therapie einmal im Vierteljahr kontrollieren.

4.2.2.3
TOX-Untersuchung

Sowohl die gezogene Zahnwurzel, der Zahnhalteapparat als auch der umgebende Kieferknochen und jedes entfernte Gewebe, die Plazenta oder ein Tumor können im TOX-Labor auf die gespeicherten Gifte untersucht werden. Wenn sie nicht in Formaldehyd eingelegt wurden, kann man auch eine Messung von gespeichertem Formaldehyd durchführen (wird meist durch die Verwendung von Formaldehyd zur Behandlung wurzeltoter Zähne im Kiefer gespeichert).

Wird durch die Laboruntersuchung gespeichertes Gift nachgewiesen, muß eine operative Herdsanierung erfolgen.

Zahnwurzel

Die chronische Giftaufnahme der letzten Jahre oder Jahrzehnte wird am besten in der Zahnwurzel gemessen. Am leichtesten ist die Messung der Metalle. Im toxikologischen Labor wird die abgetrennte Wurzelspitze pulverisiert und in der Atom- und Massenspektrometrie auf 54 Metalle untersucht, wovon 12 wichtige im Befund ausgedruckt werden.

Kraß erhöht sind meist die Zahngifte. Für das Erkennen und Vermeiden von Umweltgiften sehr wichtig sind Blei, Cadmium, Formaldehyd und Aluminium. Da Zink zur Ausscheidung dieser Schwermetalle nötig ist, ist die Zinkkonzentration im Zahn ein Maß dafür, wieviel „Gegengift" für die gesamten bisherigen Schwermetalle nötig war.

Extrem gifthaltige Zahnwurzeln bleiben stets Herde. Die einzig mögliche Behandlung ist, sie zu entfernen und auszufräsen.

Kein Zahn darf weggeworfen werden. In rechtlichen Zweifelsfällen muß er auf Gifte untersucht werden. Von der Zahnwurzel können Rückschlüsse auf die Vergiftung im umgebenden Kieferknochen gezogen werden. Untersuchungen von Kieferknochen sind empfehlenswert. Sie zeigen den Belastungsgrad des gesamten Organismus.

Bakterien-Pilze

Da sich um stark vergiftete Zahnwurzeln im Kieferknochen gefährliche Bakterien (Viren) und Pilze befinden, kann der Zahnarzt Abstriche anfertigen (Wattebausch im Nährboden). Das zu untersuchende Material wird in sterilen Glasröhrchen ins Labor geschickt. Dann sollte der Zahnarzt die Wunde mit Gazestreifen und Terracotril offenhalten damit Gifte und Bakterien herauswachsen können.

4.3
Giftwirkung-Nachweis

4.3.1
Allergietests: Epicutantest

Allergietypen:

Allergietyp	Reaktion	Reaktionsort	Leitsymptom	Krankheitsbild
Typ I	Anaphylaktische Sofortreaktion mit Bildung allergen-spezifischer IgE-Antikörper, die die anaphylaktische Reaktion mit Freisetzung von Mediatoren (Histamin) aus Mastzellen/Basophilen verursachen		Quaddel	Exanthem, Atemnot, Ödeme, Tachykardie
Typ II	Antikörper IgG(M) gegen Zellwandantigene gerichtet	Oberfläche von Erythrozyten, Thrombozyten, Leukozyten	Purpura	hämolytische Anämie, Leukopenie, Agranulozytose, Pemphigus

Allergietyp	Reaktion	Reaktionsort	Leitsymptom	Krankheitsbild
Typ III	Immunkomplex-Typ der Allergie mit Ablagerung von Immunkomplexen aus Allergenen und Allergen-spezifischem AK (IgG, IgA,IgM) auf Zellen (Neutropenie) oder Gefäßen (Vaskulitis)		Nierenschaden	Proteinurie, nephrotisches Syndrom, Glomerulonephritis, Autoimmunkrankheit (ANA, Laminin-AK, Raynaudsyndrom, Polyarthralgien, Polymyositis, Sklerose), Alveolitis (Gold)
Typ IV	Spättyp-Allergie nach mehreren Tagen, die ausschließlich über zelluläre (T-Zellen) Mechanismen ohne Beteiligung spezifischer Antikörper vermittelt wird		Papel, Papulo-Vesikel	Exanthem, Lichen planus, Kontaktdermatitis, Stomatitis aphthosa, Stomatitis ulcerosa, Glossitis, Paradontose, Ekzem, Kopfschmerzen, Asthma, Bronchitis, Arrhythmie, Alopezie, Dyspepsie, Parästhesien, erhöhte Infektanfälligkeit, Arthralgien, Myalgien, rheumatische Beschwerden, Schlafstörungen, Müdigkeit, Depressionen, Psychose, Gangunsicherheit, chronisches Müdigkeitssyndrom, Fibromyalgie, Sklerodermie, Multiple Sklerose und andere Autoimmunkrankheiten

Eine Amalgamallergie ist sehr selten vom Typ I, meist vom Typ III oder IV. Eine Amalgamallergie bedeutet – mehr als andere Allergien – einen fatalen Zustand, da die Amalgambestandteile in allen Körperzellen gespeichert sind, wenn auch am kritischsten in den Hirnzellen und im Immunsystem.

Durch eine Amalgamallergie kommt es zur Allergie auf alle alternativen Zahnfüllungsmaterialen und auf andere Umweltgifte.

Allergieteste sind nicht möglich unter Antiallergika wie Cortison, Psychopharmaka (Doxepin u.a.), Antiepileptika und Immunsuppressiva.

Eine Nickelallergie ist ein Hinweis auf eine Amalgamallergie und eine Goldallergie!

Da Amalgam Kreuzallergien zu Umweltgiften aufweist, sind Teste darauf ebenso notwendig, um die richtigen Therapiemöglichkeiten herauszufinden.

Von nachfolgenden Substanzen sollte im Rahmen eines Allergietestes die Verträglichkeit getestet werden:

4.3.1.1
Amalgamtests

1. Amalgam (Amalgam 5%, D2509, Fa. Hermal)
2. Amalgam-Metalle (Amalgam-Metalle 20%, D2508, Fa. Hermal)
3. Hg-Mercaptomix (Mercaptomix 1%, D0025, Fa. Hermal)
4. Quecksilber organisch (HgS) (Mercaptobenzothiazol 2%, D1010, Fa. Hermal)
5. Thiomersal (HgS) (Thiomersal 0,1%, D0600, Fa. Hermal)
6. Quecksilber organisch (C1304 Phenylquecksilberacetat, Fa. HAL Allergie)
7. Hg(II)amidochlorid (A1301 Quecksilber-2- Amidochlorid, Fa.HAL Allergie)
8. Silber (C2415 Silber kolloidal 0,1%, Fa. HAL Allergie)
9. Zinn (C2402 Zinn(II)chlorid 0,5%, Fa. HAL Allergie)
10. Amalgam,gamma-2-frei (C2351 Amalgam gamma-2-frei 5%, Fa.HAL Allergie)

4.3.1.2
Tests für Metalle und Befestigungen

1. Formaldehyd (Formaldehyd 1%, D0004, Fa. Hermal)
2. Eugenol (B0401 Eugenol, Fa.HAL Allergie)
3. Platin (C2303 Ammoniumtetrachloroplatinat, Fa. HAL Allergie)
4. Nickel (Nickel(II)sulfat, D0003, Fa. Hermal)
5. Gold (Natriumthiosulfatoaurat, D2507, Fa. Hermal oder B2355 Kalium-dicyanoaurat, Fa. HAL Allergie)
6. Chrom (A0001 Kaliumdichromat, Fa. HAL Allergie)
7. Palladium (Palladiumchlorid 1%, D0651, Fa.Hermal)
8. Titan (2419 Titan(IV)oxid, Fa. HAL Allergie)
9. Benzoylperoxid (Benzoylperoxid 1%, D0201, Fa. Hermal)
10. Methylmethacrylat (Metylmethacrylat 2%, D1800, Fa. Hermal)

4.3.1.3
Tests für Wohngifte

Lindan (B1504 Lindan, Fa. HAL Allergie)
Pyrethrum (C1519 Pyrethrum, Fa. HAL Allergie)
Nicotin
Xyladecor (Pentachlorphenol)
Dichlofluanid/Fumecyclox
Phenol (Fa. HAL Allergie)
d-Limonen (B0104 d-Limonen, Fa. HAL Allergie)
Steinkohlenteer (B0027 Steinkohlenteer, Fa. HAL Allergie)
Alpha-Pinen (C0707 Alpha-Pinen, Fa. HAL Allergie)
Quecksilber

4.3.1.4
Therapeutika

DMPS
DMSA
Ginkgo
Selen
Spasmocyclon
Vitamin B2+6
Vitamin B12
Vitamin F
VitaminC
Zink (E2400 Zinkchlorid, Fa. HAL Allergie)

Bezugsquellen:
Fa. Hermal
21462 Reinbek
Tel. 040/72704-0, Fax 040/7229296
Allergiepaß D9114

Fa. HAL Allergie
Pstf. 13 04 50, 40554 Düsseldorf
Tel. 0211/9776530, Fax 0211/783871
Testpflaster N

4.3.2
LTT-Test

Der Lymphozyten-Transformations-Test ist empfindlich und spezifisch zur Messung der Zellteilung nach Zugabe des Antigens auf sensibilisierte T-Zellen. Die Zellteilung wird gemessen über die Rate des radioaktiven Einbaus von H-Thymidin während der DNA-Synthese. Eine hohe Zellrate im Vergleich zur Ausgangsrate beweist, daß die Lymphozyten durch die Reaktion mit dem Antigen verwandelt wurden. LTT ist ein Test für das Zell-Gedächtnis.

MELISA (memory lymphozytes immunostimulation essay) ist ein modifizierter LTT und dient zum Nachweis einer Metall-Allergie. Er hat den Vorteil des morphologischen Nachweises einer Blastogenese.

Falls bei schweren Allergien der Epicutantest zu sehr belastet, führen wir auch für alle Alternativen diesen Test durch (Tel. 089/54 30 80).

4.3.3
Autoimmuntests

Rheuma
ANA-HEp2-Immunfluoreszens
ANA/AMA Immunoblot
Anti-Cardiolipin (IgG)
Anti-Cardiolipin (IgM)
Anti-DNA (Farr-RIA)
Anti-dsDNA (natives Ag)
Anti-dsDNA (rekombinant)
Anti-Histon
Anti-Jo 1
Anti-RNP/Sm
Anti-Scl 70
Anti-Sm
Anti-SS-A
Anti-SS-B
Anti-ssDNA
ENA combi
ENA screen

Gefäße
Anti-MPO (p-ANCA)
Anti-PR 3 (c-ANCA)
Endothel-Ak

Anämie
Intrinsic Faktor
blockierende Antikörper

Diabetes
Anti-Insulin

Neuropathien (Nerven)
Acetylcholinrezeptor-Ak
Anti-GD 1a
Anti-GD 1b
Anti-GM 1
Anti-MAG
APA/Phospholipid-Ak
Ganglioside (Gm1/Gd 1a/Gd 1b)
Ganglioside komplett (G1-G3)
Kleinhirn-Ak
Laminin-Ak
Myelin Basisches Protein
Myelin-Ak
Nerven, peripher
Neurofilamente
Neuronen-Kerne
Purkinjezellen
Serotonin-Ak

Lebererkrankungen
Leberautoantikörper Blot
(Anti-M2, Anti-LKM, Anti-LP)

Schilddrüse
Anti-TPO
Anti-TG

Nieren-Ak
Basalmembran-Ak

Weitere Parameter
Antikörper für die Durchflußzytometrie
Mikro-Ak und Tg-Ak
Neopterin
S/d-Ak
Zytokine und Wachstumsfaktoren

(Labor Dr.Bieger, München, und TOX-Labor, Bremen, auf Überweisungsschein)

4.3.4 Bluttests

4.3.4.1 Alpha-1-Mikroglobulin

Das Alpha-1-Mikroglobulin galt bisher in der Medizin als Tumormarker, da erhöhte Werte (über 42) häufig mit einem Nierenkrebs einhergingen (z.B. bei Zahnärzten).

Wir stellten jedoch fest, daß durch das Gegengift DMPS bei erhöhten Alpha-1-Mikroglobulin-Werten deutliche Ausscheidungen von Nierengiften über den Urin erfolgten und sich mit jeder DMPS-Spritze ein erhöhter α_1M-Wert etwas besserte. Die Messung kann im Urin oder exakter im (Heparin-)Blut erfolgen.

Bei erhöhten Werten besteht die Notwendigkeit zum sofortigen Austausch der Amalgamfüllungen durch metallfreie Versorgung und danach solange Gegengiftgabe bis die Werte im Normbereich liegen – alles auf Kosten der Krankenkasse.

Gegengifte sollten in diesem Falle nicht gespritzt, sondern geschluckt oder geschnüffelt werden, um ihre Ausscheidung über den Darm anstelle über die Nieren zu fördern.

Die Alpha-1-Mikroglobulin-Erhöhung ist ein Vergiftungsbeweis. Je höher der Wert, desto ernster ist die amalgambedingte Nierenschädigung. Nach der Amalgamsanierung und Entgiftung muß kontrolliert werden, ob sich die Werte normalisiert haben.

4.3.4.2 Glutathion-Schwefel-Transferase (GST)

GST ist eines von über 50 Entgiftungsenzymen. Quecksilber hat eine starke Neigung, über eine Bindung des Schwefels dieses Enzym zu blockieren. Das ist aber auch ein Schutzmechanismus zur Verhinderung der Vergiftung des Gehirns, da die GST die Methylierung fördert und damit die Vergiftung des Gehirns.

Die verminderte GST-Menge ist andererseits wieder die Ursache dafür, daß andere Gifte nicht ausgeschieden werden und die Amalgamwirkung verstärken. Hierzu zählen Formaldehyd, Blei, Cadmium, Pentachlorphenol und viele andere.

Wir stellen fest, daß eine Zufuhr von Selen, dem Zentralatom von GST, oder eine Zufuhr von GST wegen einer Allergie meist sehr schädlich ist, hingegen durch die Entgiftung von Quecksilber der prozentuale Anteil von GST wieder ansteigt.

Bewertung:
100–90%   Normbereich
unter 90%   leichte Vergiftung
unter 70%   schwere Vergiftung
unter 60%   schwerste Vergiftung

> Eine GST-Erniedrigung ist ein Beweis für eine Amalgamvergiftung.

4.4 Heilungs-Beweis

Ein indirekter Nachweis für eine Giftwirkung ist stets die Änderung eines Befundes bzw. Wegbleiben von Symptomen durch den Expositionsstopp und Entfernung von Speichergiften.

So erkennt ein Alkoholiker erst die Alkoholwirkung, wenn sich durch den Expositionsstopp die Leberwerte wieder normalisieren und z.B. eine Schlaflosigkeit verschwindet oder ein Raucher erkennt seine Schädigung, wenn nach dem Expositionsstopp eine chronische Bronchitis und Magersucht verschwinden.

So ist auch für den Amalgamvergifteten nach der Wegnahme des Giftes die darauffolgende Befundänderung der wichtigste Beweis für den Kausalzusammenhang. Allerdings führt die chronische Quecksilbervergiftung je nach Vorschädigung, Gendisposition, Allergie und Ort der Speicherung zu irreversiblen Schäden. Zudem fühlen sich Schwerkranke z.B. mit Autoimmunkrankheiten nur dann wesentlich besser, wenn in einer verstümmelnden Operation (Totalsanierung) sämtliche Knochenspeicher des Kiefers nach Ziehen der Zähne ausgeräumt wurden.

Auch zahlen die Krankenkassen erst dann alles, wenn dieser praktische Beweis vorliegt, da er alle möglichen theoretischen Gegenargumente widerlegt.

> Der Heilungsverlauf nach der Sanierung ist der wichtigste Vergiftungsbeweis.

5 Therapie

Therapieschema

Teste positiv	Amalgamsanierung	Giftherdsanierung
Kaugummitest	+	
DMPS/DMSA-Test	+	
Epicutantest auf Amalgam	+	
Herd in Panoramaaufnahme		+
Herd in Kernspinaufnahme		+
TOX-Zahnwurzeluntersuchung		+
Autoimmunteste		+++
Alpha-1-Mikroglobulin		+
Glutathiontransferase >70 %	+	
Glutathiontransferase <60 %		+
Palladiumnachweis		+
Pestizidnachweis		+
Lösemittelnachweis		+
Formaldehydnachweis		+

5.1 Expositionsstopp

> Amalgam muß – wie Asbest – frühestmöglich entfernt werden.

Wichtigster und entscheidender Schritt bei jeder chronischen Vergiftung und Allergie ist der Expositionsstopp.

Hierbei macht es keinen Unterschied, ob die chronische Vergiftung durch Alkoholismus, Rauchen oder durch Amalgam verursacht wurde. Nur bei letzterem ist das Gift im ganzen Körper noch eingelagert. Je genauer man den Nachweis führt, wo das Gift gespeichert ist, desto erfolgreicher kann man das gesamte Gift meiden.

Je besser ein Arzt die oben genannten Diagnoseverfahren beherrscht, desto eher kann sein Patient das gesamte verursachende Gift meiden. Alles andere ist völlig nebensächlich.

> Wer heilt hat Recht.

Von Ärzten mit großen Heilungserfolgen wissen wir, was man tun muß, um Patienten zu heilen.

> Amalgam kann aus dem Organismus nicht entfernt, nur reduziert werden.

Bei einer Allergie oder gar Autoimmunkrankheit müssen verstümmelnde Operationen erfolgen, um größere Mengen Gift aus dem kaum durchbluteten Kieferknochen, den Antidote nicht entgiften können, zu entfernen, um wenigstens Teilerfolge zu erzielen.

5.1.1 Amalgamsanierung

Die Amalgamsanierung bei Befindlichkeitsstörungen besteht aus einer korrekten Sanierung unter Dreifachschutz. Die Behandlung bei Organschädigungen besteht aus einer korrekten Giftherdsanierung.

Da bei jeder Form der Amalgamentfernung Quecksilber und die anderen Amalgamgifte in den Körper gelangen, muß folgender Merksatz beachtet werden:

> Je schwerer krank der Patient ist, desto weniger kann eine Giftfreisetzung bei der Amalgamsanierung toleriert werden.

Giftfreisetzung bei der Amalgamsanierung

Amalgamentfernung	pro Zahn Hg-Giftfreisetzung
Bohren	10 000 µg/kg Stuhl
Zahn ziehen	700 µg/kg Stuhl

Beim Bohren wird eine beachtliche Menge an Quecksilber, das an der Zahnwurzel gespeichert ist, frei, aber auch bei der Extraktion des Zahnes wird noch Quecksilber frei.

> Amalgamsanierung nur unter Dreifachschutz.

Amalgamfüllungen sind aus toxikologischer Sicht immer eine Giftquelle, müssen daher ausnahmslos unter Schutzmaßnahmen entfernt (im Regelfalle pro Woche ein Quadrant) und gegen ein weniger schädliches, auf Verträglichkeit überprüftes Material ausgetauscht werden.

Material für die Schutzmaßnahmen: Kofferdam stark (Silikonfolie, Fa. Roeko); Augenschutz (Schwimmbrille); Sauerstoffzufuhr von 8 Ltr./Minute (Nasenfühler, beidseitig): Sauerstoffflasche mit Nasenfühler aus der Apotheke in die Zahnarztpraxis mitnehmen (Rezept vom Kassenarzt!); Hartmetallbohrer (steril) und Schnelläufer (nicht Turbine); nicht bohren, nur trennen und ins gesunde Gewebe ausschälen; starkes Absaugen.

Amalgamsanierung

> Amalgam nicht schnell, sondern schonend entfernen.

Vorbereitung:
1. Ein weiches Panorama-Röntgenbild (OPT) aller Zähne anfertigen. Feststellung des Metallspiegels.

2. Bei Muskelschwäche oder Lähmungen stets ein Magnetbild des Kopfes (Kernspin) anfertigen. Bei kleinen Flecken im Großhirn darf kein Amalgam herausgebohrt, sondern nur der amalgamgefüllte Zahn nach Abschneiden der Amalgamspitze gezogen werden.
3. Langzeit-Allergietest auf alle vorhandenen Zahnflickstoffe.
4. Kaugummitest auf Quecksilber und Zinn evtl. MEA (Blei, Palladium) zur Abschätzung der derzeitigen Vergiftung (eine schwere Vergiftung liegt vor, wenn die Summe der Quecksilber- und der Zinnkonzentration über 50 µg/l beträgt) und zum Vergiftungsbeweis.
5. DMPS-Test als Spritze zur Entgiftung der Uralt-Speicherung bei: schweren Nervenschäden (Lähmungen, Erblindung, Ertaubung), Immunschäden (Glatzenbildung, Krebs, AIDS) mit Messung von Quecksilber, Kupfer und Zinn.
6. Alle Vergiftungszeichen vorher durch Facharztbefunde (Nerven-, Hautarzt, Glutathion-S-Transferase in %, α_1-Mikroglobulin, Haut-Allergieteste über 7 Tage u.a.) belegen.

Amalgamsanierung nur mit Dreifachschutz!

Amalgamsanierung:
Unbedingt durchführen mit:
1. Kofferdam (Gummischlitztuch), mit Mikromotor und Schnelläufer, starkem Absauger, nicht bohren, nur trennen und tief im Gesunden ausschälen (im Kontrollröntgen dürfen keine Metall-Reste sein!)
2. Mit Sauerstoffflasche oder Frischluftzufuhr über die Preßluftleitung mit Brille zum Schutz vor Quecksilber-Zinndämpfen (8 Liter pro Minute).
3. DMPS (DMSA) 1 Kaps. jeweils 2 Stunden vorher. Zuletzt wird mit einem Schluck Natriumthiosulfat (10–20 ml 10%ig, Dr. Köhler Chemie) gespült und zuletzt ein Schluck getrunken. Ohne vorherige DMPS-Spritze erfolgt die Sanierung deshalb nur langsam quadrantenweise.

Wie Asbest muß Amalgam frühestmöglich unter Schutz (dreifach) restlos entfernt werden.

Nach der Amalgamsanierung (Speichel metallfrei):
— Alle toten Zähne ziehen; toxikologisch auf Formaldehyd, Arsen, Quecksilber, Bakterien und evtl. Palladium untersuchen lassen.
— Weisheitszähne ziehen, Zahnsäckchen entfernen.
— Amalgamgefüllte Zähne mit Wurzeleiterung (kolbenförmig aufgetrieben, perlschnurartige Knochenumwandlungen) ziehen (zuerst Oberkiefer, dann Unterkiefer), schwermetallinfiltrierte Knochenpartien ausfräsen, 2–4 Wochen lang Gazestreifen mit Terracortril-Salbe zum Offenhalten der Höhlung (sehr wichtig!!), untersuchen lassen. Toxikologische Untersuchung siehe oben.
— Bei Vorliegen von Tumoren (Krebs u.a.), diese auf die Amalgambestandteile Quecksilber, Zinn und Silber untersuchen.

Stets gezogene Zähne auf Gift und Eiter untersuchen!

— Nach Amalgamausbohrung metallfreien Kunststoff oder bei Formaldehydunverträglichkeit Zement als Langzeitprovisorium für 2–3 Jahre einsetzen bis Vergiftungssymptome wesentlich gebessert bzw. Metallspiegel im Kiefer verschwunden sind.

- Bei Immun- und Nervenschäden Entgiftung mit DMPS: um Allergien zu vermeiden, selten, aber hoch dosiert nehmen. Alle 6 Wochen eine Ampulle DMPS in den Muskel spritzen. Bei Nierenschwäche 1 Kapsel DMPS/Woche auf nüchternen Magen.
- Bei Hirnherden an einer offenen Amp. DMPS vierwöchentlich einmal je sechsmal schnüffeln.
- Bei Zinkmangel: Unizink (0 – 1 – 2 Drg./Tag.).
- Nie Selen !

> Nur Alternativen verwenden, die im Allergietest verträglich waren.

Bei positivem Allergietest oder Niereneinschränkung, d.h. alpha-1-Mikroglobulin-Erhöhung, führen Zahnärzte eine Amalgamsanierung auf Krankenschein durch. Dreifachschutz beim Bohren und metallfreie Versorgung sind extrem wichtig.

5.1.1.1
Schwangerschaft/Stillzeit

> Keine Amalgamsanierung in der Schwangerschaft.

In der Schwangerschaft darf auf keinen Fall am Amalgam gearbeitet werden, da das Ungeborene durch die eingeatmeten Quecksilberdämpfe ernstlich vergiftet wird. Mißbildungen beim Kind nach der ungeschützen Amalgamsanierung der Mutter sahen wir oft. Bei Zahnschmerzen muß zum Schutz des Kindes der amalgamgefüllte Zahn in der Schwangerschaft gezogen werden.

Zur Vermeidung einer unnötigen Belastung dürfen in der Schwangerschaft und Stillzeit die Flächen der Amalgamfüllungen nicht geputzt oder das Quecksilber durch Fluorzahnpasten, Knirschen (Bißschiene erforderlich!), Kaugummi, heiße oder saure Speisen (Essig) nicht freigetzt werden. DMPS/DMSA, Vitamine (C, B) und Selen, die das gefährliche embryotoxische organische Quecksilber bilden, sind strengstens verboten!

Verboten in der Schwangerschaft sind:
- Amalgam polieren
- Zähneknirschen
- Kaugummi kauen
- heiße Speisen
- saure Speisen
- Fluorzahnpasten
- DMPS/DMSA
- Vitamine
- Selen

Zinkreiche Ernährung ohne viel kauen sind der einzige Notbehelf.

5.1.2
Giftherd-Sanierung der Zahnherde

Zähne sind nur bis etwa zum 30. Lebensjahr frei von Zahnherden, dann treten Organschäden auf. Bei Amalgam können die Zahnherde schon bei Kleinkindern auftreten.

Zahnherde erkennt der Erfahrene in der Kiefer-Übersichtsaufnahme (OPT), der Unerfahrene in einer Knochenszintigraphie (erhebliche Strahlenbelastung!).

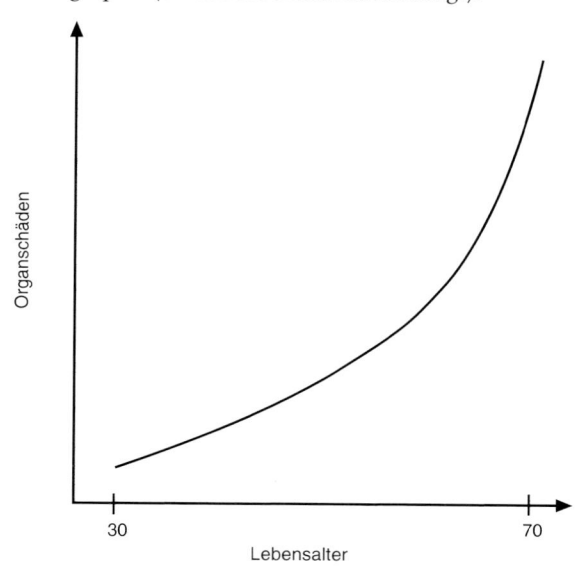

Bei der Sanierung von Zahnherden ist auch von großer Wichtigkeit, welche Gifte (Metalle, Lösemittel, Formaldehyd, Pestizide, Holzgifte etc.) sich in Zähnen, Zahnfleisch und Kiefer finden.

Neben Amalgam können auch andere Metallegierungen (z. B. Gold- oder Palladium, Nickel-Chrom-Molybdän) aus Inlays, Kronen, Brücken oder Prothesen ebenfalls Erkrankungen verursachen oder deren Heilung blockieren. Es ist Aufgabe des Arztes, dies (in Zusammenarbeit mit dem Zahnarzt) zu erkennen und gegebenenfalls deren Entfernung sowie den richtigen Ersatz zu empfehlen. Wurzelkanalgefüllte/tote Zähne und sonstige Giftherde im Kieferbereich (z. B. granulomartige Metalldepots) sind aus toxikologischer Sicht immer zu entfernen.

Bei Patienten mit mittelschweren bis schweren Amalgamfolgeerkrankungen (z.B. Neurodermitis, Ekzemen, Asthma, Rheuma, Psychose/Depression, psychische Labilität, Epilepsie, Tumor, MS, ALS, Alzheimer, Parkinson) sind vor einer Zahnextraktion bzw. Herdausräumung und Allergie immer zuerst alle Metalle im Zahnbereich zu entfernen, da sonst die Metalle in der Wundhöhle eingelagert werden!

> Bei bestehenden Metallallergien alle Metalle vor der Extraktion unter Schutz zu entfernen.

Ausnahme: Akutsituationen/Notfälle (z.B. Zahnwurzelentzündung).

> Metallentfernung nur unter Dreifachschutz:
> 1. DMPS-Kapsel vorher
> 2. Sauerstoff, Kofferdam
> 3. Natriumthiosulfat

Die Erfahrung zeigt, daß das Ziehen eines betroffenen Zahnes immer die Möglichkeit bietet, eine erhebliche Menge der im Kiefer abgelagerten Schwermetalle und sonstigen Gifte auszuscheiden. Hierfür ist es notwendig, die entstandene Wunde eine zeitlang mit einem präparierten Gazestreifen offenzuhalten, der zugleich Gifte und Bakterien an sich bindet, und die Fremdstoffbindung durch Labormessungen zu kontrollieren und zu dokumentieren.

Jedes in die Zähne oder in den Organismus eingebrachte Metall (z.B. Magenmittel, Autoemissionen, Passivrauchen) wird auch im gesamten Kieferknochenbereich gespeichert. Selbst Zähne, die nie behandelt wurden, sind hiervon betroffen, auch eingewachsene Weisheitszähne. Daher ist jeder extrahierte Zahn, die offene Wunde, das herausgefräste Kiefergewebe und die eingelegte Wundgaze auf Bakterien und Pilze sowie mittels MEA (Multielement-Analyse der Schwermetalle) möglichst auf alle toxikologisch relevanten Materialien zu kontrollieren.

Zum Extraktionstermin oder zur Herdausräumung gibt der Behandler folgendes mit:
- für eine Bakterien- und Pilzkultur: Stieltupfer und Transportbehälter (TOX-Labor) oder sterile Wundgaze und Transportbehälter. Diese Untersuchung wird der Zahnarzt oder Hausarzt veranlassen.
- Überweisungsschein beilegen "Untersuchung auf Pilze und Bakterien nach Zahnextraktion – Zahn Nr...", dann werden diese Kosten von der Kasse erstattet.
- für den Zahn: Transportbehälter trocken
- für das ausgefräste Knochenmaterial: Transportbehälter
- zum Tamponieren der Kieferwunde: Terracortril-Augensalbe (muß vom Zahnarzt oder Hausarzt verschrieben werden, da rezeptpflichtig)
- sterile Wundgaze (z.B. Fa. Roeko – einfacher steriler Gazestreifen, 1 cm Breite, *ohne* Jod, aus der Apotheke) und Transportbehälter
  (Man benötigt oben genannte Salbe und Wundgaze auch weiterhin für den jeweils dreitägigen Wechsel der Wundgazen.)
- voradressierte Versandtüten an das Labor
- für die Sauerstoffzufuhr von 8 Ltr./Minute (Nasenfühler, beidseitig): Sauerstoffflasche mit Nasenfühler aus der Apotheke in die Zahnarztpraxis mitnehmen (Rezept vom Kassenarzt!): besonders wichtig für Palladiumentfernung, das ebenso gefährlich ist wie die Amalgamentfernung!
- DMPS-Kapsel zum Schlucken vor der Metallentfernung und Natriumthiosulfat 10%ig 10 ml nach jeder Metallentfernung zum Mundspülen (Rezept vom Kassenarzt).

Direkt im Anschluß an die Extraktion:
- Erster Abstrich tief aus der Wunde, ohne Berührung der Wundränder: Bakterien- und Pilzkultur.
- Danach muß in jedem Fall der Kieferbereich großflächig und gründlich vom Zahnarzt gesäubert und ausgefräst werden.
- Ist der Zahn verfärbt, brüchig oder die Wurzel glasig, ist das die Bestätigung für einen Entzündungsherd durch Metalle oder Eiter. Kieferbereich und Wundhöhle müssen somit gründlich ausgefräst werden.

- Falls zahntechnisch möglich, Teile des abgefrästen Kieferknochens vor dem Absaugen entnehmen und ebenfalls untersuchen lassen (vorher mit dem Behandler absprechen) auf: Quecksilber und andere Schwermetalle (MEA im TOX-Labor). Zusätzlich auf Formaldehyd – falls der Wurzelkanal damit behandelt wurde.
- Entfernte Zähne stets vom Zahnarzt zwecks Giftmessung beschriftet mitgeben lassen. Toxikologische Untersuchung der Zahnwurzel (wird im TOX-Labor vom Zahn fachmännisch getrennt) auf Quecksilber und andere Schwermetalle (MEA im TOX-Labor), zusätzlich auf Formaldehyd – falls Wurzelkanal damit behandelt wurde.
  Hinweis: Zur Wurzelabtötung wurde bis ca. 1989 (manchmal auch heute noch) Arsen verwendet. Mitte der 80er Jahre begann man stattdessen Formaldehyd zu verwenden. Wurzelfüllungen können auch Amalgam oder Cortison enthalten.
- In die frische Wunde nach Zahnextraktion/Herdausräumung einen Wundgaze-Streifen, mit Terracortril-Augensalbe dünn bestrichen, einlegen lassen, der alle drei Tage gewechselt werden muß. Wächst die Wunde dennoch immer wieder zu, muß das Granulationsgewebe durch den Zahnarzt entfernt werden. Dann erneut Wundgaze – wie oben beschrieben – alle drei Tage wechseln.
  Ausnahme: Falls Oberkiefer-Zähne/Zahnwurzeln in die Kieferhöhle hineinragten, muß nach deren Extraktion die Öffnung an der Grenze zur Nebenhöhle plastisch abgedeckt werden. Hier wird die Wunde zugenäht, es wird nur ein Streifen eingelegt, nicht erneuert.

Nie zwei Streifen pro Wundloch einlegen und sich stets merken, wie lang der Streifen war, damit kein Streifen vergessen wird und die oberflächlich geschlossene Wunde monatelang eitert und schmerzt!!

Hat der Patient erneut Beschwerden, die mit diesem Zahn korrespondieren (z.B. 8er: Psyche, Herz, Zentrales Nervensystem) oder verschlimmern sich diese sogar, eröffnet man nach ca. 2–4 Monaten die ehemalige Wunde in einem kleinen Bereich, z.B. mit einem kleinen Bohrer, um einen Durchblutungsreiz zu setzen und verfährt nach obiger Vorschrift wie nach einer frischen Zahnextraktion.

Besteht kein Organbezug, läßt man nach vollständiger Zahnsanierung eine Kontroll-Panoramaaufnahme machen. Hat sich ein Herd gebildet, muß die Entzündung eröffnet werden.

Laborauftrag:
1. Wundgaze (3 Tage nach der Extraktion): nur denjenigen Teil der Gaze zur Untersuchung einsenden, der in der Tiefe der Extraktionswunde lag, den Rest abschneiden. Untersuchung auf Quecksilber und Schwermetalle (MEA im TOX-Labor) und Bakterien;
ca. 5. Wundgaze (also ca. 15 Tage nach der Extraktion) erneut im TOX-Labor auf die Metalle, die in der 1. Wundgaze deutlich erhöht waren, untersuchen. Sind nur wenige Metalle erhöht, werden bei der folgenden Wundgaze nur noch diese gemessen. (Die Untersuchung auf Palladium ist ebenso teuer wie die MEA und ist in dieser ebenfalls enthalten).

Sobald das Ergebnis der beiden letzten Untersuchungen unauffällig ist (im „Normbereich"), kann die Salbe weggelassen werden. Das Einlegen der Gazestreifen muß allerdings weiterhin vorgenommen werden, bis diese nicht mehr in die Wundhöhle passen und von alleine herausfallen.

Falls aus der Wunde jedoch noch deutlich Sekret sickert, das unangenehm riecht (nochmals auf Bakterien-/Pilzbefall untersuchen) oder wenn die Wundränder rötlich/bläulich verfärbt sind (Quecksilber) und falls die Untersuchung der letzten Wundgaze weiterhin eine erhöhte Metallausscheidung anzeigt, dann sind nochmals für zwei bis drei Wochen Gazestreifen mit Terracortril-Augensalbe einzulegen u.s.w., solange bis eine Wundgaze ohne jeden Befund ist („Normbereich"), z.B. Quecksilber weniger als 10 µg/kg bzw. keine Bakterien mehr.

Bakterien-/Pilzkultur: Befanden sich auf dem ersten Abstrich (Stieltupfer bzw. Wundgaze) pathogene Bakterien und/oder Pilze muß ein dagegen wirksames, ausgetestetes Antibiotikum evtl. anstelle von Terracortril verwendet werden.

Granulationsgewebe: Der Kieferknochen muß bis zur endgültigen Zuheilung wöchentlich vom Zahnarzt auf Granulationsgewebe untersucht werden. Hat sich dieses gebildet, muß es entfernt werden.

Jede Operation von Giftnestern führt zum Wiederaufflammen der früheren Organbeschwerden wie Rheuma, Infekte, Herzbeschwerden, Antriebslosigkeit, Schwäche, Organschmerzen (Brust, Magen), MCS u.v.a.

> **Durch eine Herdsanierung kommt es immer zum Herdreiz.**

Wurden nach einer Zahnextraktion/Herdausräumung Beschwerden des Patienten gebessert bzw. waren sie verschwunden und treten diese Beschwerden nach geraumer Zeit wieder auf (3, 6, 12 Monate oder später) und sind therapieresistent (DMPS etc.), muß die alte Stelle im Kiefer wieder eröffnet bzw angebohrt werden (Nachbehandlung wie oben angegeben).

Autoimmunkrankheiten:
Die erfolgreiche Behandlung bei einer Autoimmunkrankheit besteht in einer restlosen Entfernung aller nachgewiesenen verursachenden Allergene aus dem Kieferknochen.

Manchmal kommt man dabei um eine verstümmelnde Operation mit Entfernung aller vergifteten Zahnwurzeln nicht herum. Die generalisierte Allergie erlaubt bis zur Ausheilung des Kiefers oft nicht einmal das Tragen einer Vollprothese. Das Ausfräsen aller Allergienester ist hierbei besonders wichtig. Manchmal hilft das Ausweichen auf ein allergiearmes Prothesenmaterial (s.u.).

5.1.2.1
Operationsmethoden

Vorgehen	Alte Schule	Neue Schule
Vorbereitung	Einzelröntgen	Kiefer-Übersichts Röntgen
Giftherdsuche	(Elektro-)Akupunktur	Kiefer-Übersichts Röntgen plus Erfahrung durch Tox-Untersuchung bzw. Knochenszintigraphie
Betäubung	Kassenpräparate	allergiearme Präparate
Operation	„Speichel desinfiziert alles"	absolut steriles Arbeiten: Gummihandschuhe, Gesichtsmaske, sterile Tücher, Bestecke einzeln steril verp., für jeden Zahn neue Bestecke, Operationstücher, Sauerstoff
Mehrwurzler	auf einmal ziehen, schmerzhaft	Wurzeln vorher trennen; langwierig, schmerzfrei
Gifthaltige Wurzel	„gibt es nicht"	ausfräsen bis zum festen Knochen; Offenhalten der Wunde und 6 Wochen lang Terracortril-Streifen einlegen

Vorgehen	Alte Schule	Neue Schule
Tox-Untersuchung	„unnötig" Zahn in Müll	ersten Streifen nach Entfernung ins TOX-Labor Zahn trocken ins TOX-Labor
Wurzeleiterung	„heilt von alleine" zunähen (!), vorher evtl. irgendeine Penicillintablette (98% der Knochenbakterien sprechen nicht mehr auf Penicillin an)	Wundabstrich ins Labor eitrigen Knochen gründlich entfernen, offenhalten mit antibiotischen Salbenstreifen; später entsprechend dem Laborergebnis verfahren
Nachbehandlung	keine	Jeden 3. Tag Streifen mit ausgetesteter Antibiotikasalbe (evtl. Erregerwechsel)
Schmerzen	Schmerztabletten	1. Abend 1 Zäpfch. Diclofenac
Dicke Backe	ja, mit Kompressen kühlen	nein, entfällt
Ernährung	Diät, keine Milch u.ä.	alles essen, wie sonst auch, mit Wasser nachspülen
später Organ-(Gelenk-)schmerzen	„kein Zusammenhang"	an Schmerzstellen erneute Wundrevision bis zur Beschwerdefreiheit

5.1.2.2
Sanierungsschritte von Giftherden und Zähnen

Schritt	Maßnahme	Folgen der unbehandelten Herde
1	Amalgam- und Palladiumherde um Zahnwurzeln entfernen, Metalle unter Schutz entfernen	OK: schwerste Nervenschäden UK: schwerste Immunschäden
2	bei Palladiumdepot im Oberkiefer Palladiumherde um Zahnwurzeln entfernen	schwerste Immunschäden
3	bei Amalgamdepot im Oberkiefer Amalgamherde um Zahnwurzeln entfernen	OK: Nervenschäden UK: Immunschäden
4	8er (quer) mit wurzelnahen Giften („beherdet") entfernen	chronische Müdigkeitssyndrom, Multiple Sklerose, Energielosigkeit
4	3er quer im Oberkiefer mit Giftherden entfernen	Multiple Sklerose, Sehstörung
5	6er mit Oberkieferzysten voller Gifte entfernen	schwerste Allergien
5	1er mit Giftherden am Riechnerv oben und unten entfernen	Geruchsüberempfindlichkeit
5	Giftherde im Unterkiefer entfernen (drücken Nerven ab)	schwerste Immunschäden
6	6er mit wurzelnahen Giften entfernen	Allergien

Amalgam

Schritt	Maßnahme	Folgen der unbehandelten Herde
7	7er mit Zysten voller Gifte entfernen	OK: Herz-, Hörstörungen
7	3er mit Zysten voller Gifte entfernen	OK: Sehstörungen
8	wurzelbehandelte, mit Formaldehyd gefüllte, tote Zähne entfernen	Allergien, Krebsgefahr
8	wurzelbehandelte, mit Arsen gefüllte, tote Zähne entfernen	starke Krebsgefahr
8	aufgelöste, gifthaltige Zahnwurzeln ziehen	je nach Ort
9	wurzelnahe Füllungen mit Wurzelspeicher nach dem Bohren ziehen	je nach Ort
10	Giftherde mit Einbruch in die Nasennebenhöhle beseitigen	Immunstörung je nach Ort
10	Implantate mit typischen Allergiespeichern im Knochen entfernen (Allergieteste positiv)	allergische Hirnsymptome
10	entzündeten Nervenaustrittspunkt behandeln	rheumatische Schmerzen

OK: Oberkiefer UK: Unterkiefer

5.1.2.3
Heilungszeit

Die Heilungszeit beträgt ohne Zusatzhilfen mindestens 5 Jahre. In der Regel machen die verbliebenen Zahnherde in dieser Zeit wieder neue Beschwerden.

Eine sichere Heilung ist nur durch Totalsanierung mit Totalprothesen möglich, hier beträgt die Heilungszeit ein Jahr.

Bei Teilsanierung durch Entfernung aller Metalle beträgt die Heilungszeit ca. drei Jahre, danach muß man prüfen, ob die Gifte an einem Restzahn zusammengeflossen sind oder sich Eiter gebildet hat. Eine Ampulle DMPS verkürzt die Heilung um ca. drei Monate, drei Kapseln DMPS um ca. einen Monat.

Nach restloser Speicherentgiftung bessern sich die Diagnoseteste:

Test	Verbesserung	Heilungsdauer mindestens
Kiefer-Übersichts-Röntgen kein Eiter (im Bild schwarz)	keine Metalle (im Bild weiß)	1 Jahr
Magnetbild/Kopf	keine Metalle (im Bild weiß) Verminderung der Flecken (Virchow'sche Räume)	3 Jahre
SPECT	Funktionsausfälle	Kinder: halbes Jahr Erw.: 2 Jahre
DMPS-Test	nach Kiefersanierung	bis 1 Jahr
MELISA-Allergieteste	nach Ursachenentfernung	2 Jahre

Die Symptomverbesserung geht der Objektivierung der Befunde lange Zeit voraus, das heißt erst lange nachdem sich der Patient wieder wohl fühlt, sind die Teste normal.

5.2 Speicherentgiftung

5.2.1 DMPS

Falls ein DMPS-Test positiv war, kann sich nach dem Expositionsstopp, d. h. der kompletten Amalgamsanierung, eine DMPS-Therapie anschließen. Dabei wird in immer größeren Abständen das Gegengift verabreicht. Je nach Giftausscheidung kann dies am Anfang nach folgendem Schema erfolgen:
- zweiwöchentlich (Hg im Urin II über 500 µg/l),
- vierwöchentlich (Hg im Urin II über 200 µg/l),
- sechswöchentlich (Hg im Urin II über 100 µg/l) oder
- vierteljährlich (Hg im Urin II über 50 µg/l).
  Bei Stoffwechselanomalie gelten folgende Stuhlwerte:
  100-50-10-5 µg/kg Hg.

Vorsichtsmaßnahme:
Bei Auftreten von Hautpickeln oder offener Schleimhaut bzw. Kopfschmerzen – den Zeichen einer DMPS-Allergie – darf die DMPS-Gabe nicht wiederholt werden. Da diese Symptome Folgen einer Schwefelallergie sind, darf auch kein anderes Quecksilber-Gegengift gegeben werden, da alle Schwefel enthalten. Die chirurgische Entfernung des Amalgams aus dem Kiefer muß dann sehr gründlich erfolgen (siehe Herdsanierung).

Voraussehbar ist eine DMPS-Allergie, wenn eine Thiomersal-Allergie vorliegt.

Eine DMPS-Therapie ist verboten und wertlos, solange sich Palladium im Mund befindet. Bei Gold im Mund ist sie ebenfalls sinnlos, da Gold Amalgam bindet.

5.2.1.1 DMPS-Schnüffeln

Der in ein Schraubgefäß umgefüllte Inhalt einer DMPS-Ampulle dient zum Schnüffeln über die Nase, es soll nicht tief in die Lunge eingeatmet werden. Geringste Gegengiftmengen werden somit entlang der Riechnerven in die am meisten betroffenen Areale des Gehirns eingeatmet – insbesondere in das Stammhirn.

Am wirkungsvollsten ist es, wenn man sechsmal schnüffelt. Danach wird der dritte Stuhl auf Quecksilber im TOX-Labor untersucht. Je nach Erfolg und Meßergebnis wird der Vorgang etwa alle vier Wochen wiederholt.

Am wirkungsvollsten ist das DMPS-Schnüffeln bei Gedächtnisstörungen, Hirnleistungsstörungen und bei Depressionen. In hoffnungslosen Fällen bei Schwerstvergifteten, die keine Kraft mehr zur Amalgamsanierung haben (Amyotrophe Lateralsklerose), brachte dies oft eine wesentliche vorübergehende Befundverbesserung.

Das Schnüffeln hilft auch, wenn im Mund zusätzlich Palladium zu finden ist, wohingegen die DMPS-Spritze hier schadet.

5.2.1.2
DMPS-Kieferspritze

In hoffnungslosen Fällen zur kurzen Lebensverlängerung (MS-Endstadium, Hypophysentumor) geben wir manchmal Unithiol oder Dimaval in Natriumbikarbonat zur Alkalisierung (nie reines Dimaval!) als Kieferspritze, um eine möglichst intensive Hirnentgiftung zu erreichen. Dabei wird an 16 Stellen jeweils in drei Stichrichtungen das Gegengift gespritzt. Die Spritzen sind sehr schmerzhaft (eine Betäubung inaktiviert DMPS), es folgt eine tagelange Schwellung des Gesichts.

Die Quecksilber-Ausscheidung wird danach im dritten Stuhl im TOX-Labor gemessen.

5.2.1.3
DMPS-Menge

Wie oft DMPS gespritzt werden sollte, hängt im wesentlichen von seinem Erfolg ab. Das sicherste Kriterium dafür ist das Befinden des Kranken.

Das Krankheitszeichen, das sich am deutlichsten bessert, z.B. die Verbesserung der Sehkraft oder der Denkfähigkeit, verschlechtert sich nach Nachlassen der DMPS-Wirkung nach einigen Wochen wieder. Bei wiederholten DMPS-Gaben werden die Abstände immer länger, z.B. 4, 4, 6, 6, 8, 8, 12, 12, 16, 16 Wochen. Falls die Quecksilberausscheidung nach DMPS gemessen wurde, stimmt die Höhe der Giftausscheidung mit der Schwere der wiederkehrenden Krankheitszeichen überein. Natürlich hat die absolute Höhe der Giftausscheidung nichts mehr zu sagen.

> **DMPS und DMSA dürfen als Langzeittherapie bei chronischer Vergiftung nur in großen Intervallen Verabreicht werden!**

5.2.1.4
DMPS-Allergie

DMPS ist ein Schwefelsalz und Metallsalzbinder, der bei wiederholter Gabe allergisierend sein kann. Die Allergie äußert sich zunächst in harmlosen Hautpickeln, später befällt sie die Schleimhäute. Lippen, After, Scheide oder Penis sind schmerzhaft geschwollen, der ganze Verdauungstrakt tut weh.

In Extremfällen kann es zu einem giftbedingten Hirnödem mit Kopfschmerzen kommen. Im Magnetbild des Kopfes findet man hier vorübergehend einzelne Flecken. Alles bildet sich ohne jede Behandlungsmaßnahme wieder zurück, nur darf man dann nie mehr ein Gegengift bekommen! Es hilft dann nur, den Kiefer auszufräsen.

Bei ernsten, giftbedingten Krankheiten, bei denen man DMPS zur Ausscheidungsförderung dringend braucht, muß man DMPS möglichst selten und möglichst hochdosiert verabreichen, um eine Allergie mit der oben genannten Erscheinungsform zu vermeiden.

Häufige kleine Dosen als Kapseln führen jedoch besonders schnell zu einer Allergie. Um eine Allergiebereitschaft zu vermindern, sollte man auch möglichst keinerlei andere Medikamente während der DMPS-Behandlungszeit zu sich nehmen.

Besteht bereits eine Thiomersal-Allergie (Hg-S) kann es nach DMPS-Gabe ebenfalls zu allergischen Reaktionen kommen. Zumindest werden verstärkt Nebenwirkungen auftreten.

Bei DMPS/DMSA-Allergie gibt man als Notbehelf alle 2–4 Wochen 10 g Kohle (Kohle Pulvis, Dr. Köhler) zum Binden der extrazellulären Metalle, die in den Darm ausgeschieden werden.

5.2.1.5
Spurenelemente nach DMPS

> DMPS verursacht keinen Spurenelementmangel.

DMPS fördert zwar die Ausscheidung von Zink und Kupfer im Millionstel-Gramm-Bereich, sie sind jedoch 1000fach häufiger im Körper vorhanden. Die seltene DMPS-Gabe bei der chronischen Vergiftung erfordert nie die zusätzliche Gabe von Zink. Nur wenn man eine akute Vergiftung mit 3–20 Dosen DMPS pro Tag behandelt, kann Zink erforderlich sein. Selen und Magnesium werden durch DMPS nicht ausgeschieden.

Dosierung:
Pro 10 kg Körpergewicht 1 Dragee Unizink® à 50 mg Zink-Aspartat, bei schwerem Zinkmangel sechs Wochen lang, z.B. 0–2–4 Drg.; später die Hälfte (0 – 1 – 2 Drg.). Zink wird nach 17 Uhr besser ins Blut aufgenommen, außerdem sollte man 2 Std. vorher nichts gegessen haben.

Kupferausscheidung nach DMPS

Die Höhe der Kupferausscheidung direkt nach der DMPS-Spritze ist ein Maß für die Schwere des Zink-Mangels in der Zelle. Die Kupfer-Gesamt-Ausscheidung im 24 Stunden-Urin kann hierbei normal sein. Bleibende, hohe Kupferwerte nach DMPS sind ein Zeichen für noch vorhandene Giftdepots, die laufend Zink verbrauchen. Lediglich Zink nachzufüllen oder immer wieder DMPS zu spritzen ohne die Giftquellen zu entfernen, würde bedeuten, schwer krankmachende Faktoren zu verschleiern (Kieferdepots, Autogifte, Holzgifte, Aluminium, Formaldehyd u.a.). Hohe Kupferwerte sind das längste noch bleibende Labor-Zeichen einer Amalgamvergiftung.

> Statt Folgeschäden an willkürlichen Stellen zu flicken, hilft nur die Beseitigung der wirklichen Ursache.

Diesen Grundsatz nimmt die Industrie den Umweltschützern übel, da sie fälschlich meint, zu wenig dabei zu verdienen. Ihre Rendite ist hingegen bei allen neuen Materialien noch viel höher. Die Vermeidung von Folgeschäden spart viel Geld.

5.2.2
DMSA

DMSA, das Salz der Bernsteinsäure von Dimercaptan, ist als reine Chemikalie ideal für weniger Begüterte und wenn die Krankenkasse nicht bezahlt. Wie DMPS-Kapseln fördert es die Leber-Gallen-Ausscheidung von Quecksilber, Zinn, Blei, Cadmium u.a. und wird ebenso wie diese sehr unterschiedlich ins Blut aufgenommen. In China gibt es DMSA als Spritze, bei uns noch nicht. DMSA fördert die Entgiftung des hochgiftigen organischen Quecksilbers aus dem Gehirn um das Vielfache. Das ist für Nervenkranke sehr positiv. Multiple Sklerose-Kranke bekommen durch die schnelle Hirnentgiftung allerdings sehr häufig einen Erkrankungsschub. Es ist daher bei im Magnetbild erkannten Herden im Gehirn strengstens verboten. Es ist ideal für die Behandlung von Kindern (auch geschnüffelt) mit anschließender Untersuchung des dritten Stuhls. DMSA entgiftet den Gesamtkörper nicht so gut wie die DMPS-Spritze.

DMSA (100–200 mg) wird alle 1–4 Wochen einmalig zum Schlucken gegeben. Danach viel trinken. Dritten Stuhl auf Quecksilber untersuchen.

DMSA ist ein Metallsalzbildner und kann wegen seiner geringen Allergieneigung noch eine Zeitlang bei einer DMPS-Allergie weitergegeben werden (verboten bei Darmerkrankungen). Bei einer DMSA-Allergie sind alle Gegengifte verboten.

5.2.2.1
DMSA-Schnüffeln

Alternativ zu DMPS kann auch eine Messerspitze voll DMSA-Pulver (100 mg) in einem Eßlöffel voll Wasser aufgelöst und wie DMPS geschnüffelt werden.

Die Quecksilber-Ausscheidung wird danach im dritten Stuhl im TOX-Labor gemessen.

5.2.2.2
DMSA-Allergie

Die Allergie geht von einer völlig harmlosen Hauterscheinung (Pickel) über Schleimhautgeschwüre (Mund, Genitalien) bis zum Hirnödem (Wassereinlagerung im Magnetbild) mit starken Kopfschmerzen und Denkstörungen bei ständig wiederholter Einnahme. Nur das strikte Absetzen hilft hier. Es darf nie mehr die Substanz gegeben werden.

Eventuell ein Zäpfchen Diclofenac 50 mg, 1–2mal im Abstand von 3 Tagen.

5.2.2.3
Säuglings-Entgiftung

Die eigentlichen Opfer unserer Gleichgültigkeit gegenüber Nervengiften sind die Neugeborenen:

Vergiftete sind:
- unruhig
- trinken schlecht
- entwickeln sich schlecht
- haben Seh-, Hör- und Hautschäden
- sind infektanfällig

Jede chronische Erkrankung der Kinder und jede nicht vorher von Schwermetallen entgiftete Mutter ist Anlaß zur Entgiftung der Neugeborenen. Das erste Kind erhält bis zu 40 % der mütterlichen Speichergifte. Je eher die Entgiftung einsetzt, desto geringer werden erfahrungsgemäß die Spätschäden. Da niemals unangenehme Nebenwirkungen bei einer korrekten Entgiftung auftraten, sollte im Zweifel stets ein Versuch gemacht werden, ob sich eine Störung zurückbildet.

Unbedingt muß die Entgiftung erfolgen, wenn das vorausgegangene Kind bzw. der Zwilling (!) an Kindstod starb, bei Hirnschäden (z.B. Wasserkopf), Organschäden, bei Fieberkrämpfen, Epilepsie, Neurodermitis, Candidainfektion.

Die Behandlung der Kinder ist natürlich nur ein Notbehelf, wenn die vergiftete Mutter vor der Schwangerschaft ihre Behandlung verweigert hatte. Das Kind muß die Fehler der Mutter ertragen.

Durch die Beseitigung der Gifte aus dem Körper können sie im Stuhl oder Urin nachgewiesen werden:

DMPS-Test bei Neugeborenen
1. bei Feer-Syndrom:
   Säugling im Schlaf ca. dreimal an einer offenen Ampulle schnüffeln lassen. Den dritten Stuhl danach auf Quecksilber untersuchen lassen. Eine Vergiftung liegt vor, wenn Quecksilber nachweisbar ist (Nachweisgrenze 0,5 µg/kg Hg im Stuhl). Hierbei wird besonders das im Schnüffelbereich (Stammhirn, Kleinhirnrand) befindliche Gift, das zum Feer-Syndrom führt, ausgeschieden.
2. bei Nierenschwäche:
   DMPS in den Muskel: (vorher Blase entleeren)
   – 2. Lebensjahr 1 ml = 50 mg
   – 4. Lebensjahr 2 ml = 100 mg
   – 6. Lebensjahr 3 ml = 150 mg
   – 8. Lebensjahr 4 ml = 200 mg
   danach eine Ampulle
   Den Urin von einer Stunde später aufheben, ins TOX-Labor senden, auf Quecksilber und Kupfer untersuchen lassen. Hierbei wird insbesondere die Niere entgiftet, später auch durch Umverteilung das Gehirn.

DMSA-Test bei Kindern:
Die Entgiftung des Gehirns fällt hierbei schwächer aus als beim DMPS-Schnüffeln (Feersyndrom). Jedoch werden zugleich auch die Leber und die Nieren entgiftet.
Neugeborene 100 mg (15 mg/kg KG)
ab 6. Lebensjahr 200 mg (6 mg/kg KG) DMSA mit der Nahrung schlucken lassen, danach 3. Stuhl auf Quecksilber untersuchen lassen.

Konsequenz:
Stets, wenn Quecksilber nachweisbar ist, muß die Gegengiftgabe in großen (!) Abständen von 4 bis 12 Wochen wiederholt werden, um das Nervengift aus dem Gehirn zu entfernen. Quecksilber schadet bei Organspeicherung in jeder Konzentration dem kindlichen Gehirn.

Da die Mutter bis zu 40% der Quecksilber-Gesamtkonzentration in ihrem Körper während der Schwangerschaft an ihr Kind abgibt, wurden bei Neugeborenen im Schnitt viel höhere Konzentrationen durch Entspeicherungsteste gewonnen als bei Erwachsenen (bis 2500 µg Hg/Krea), obwohl Kinder viel empfindlicher auf Quecksilber reagieren als Erwachsene.

5.3 Therapie umweltgeschädigter Patienten

> Vergiftete, die Ihren Körper nicht schonen wie nach einem Herzinfarkt, schaden durch hohe Mengen Gegengifte, Vitamine, Spurenelemente oder Elektrotherapien ihrem Körper stärker als durch die Giftwirkung! Vergiftete müssen vor sinnlosen Heilversuchen mehr geschützt werden als vor Giften!

Alle chronisch vergifteten Patienten müssen feststellen, daß ihnen Therapieversuche mehr schaden als nutzen.

Hirnvergiftung-Allergie
Zum einen stellte man fest, daß viele Medikamente zur unerwünschten Umverteilung der Gifte im Organismus – besonders zur Ablagerung in das Gehirn – führten, wie dies Vitamine und Spurenelemente bei Amalgamvergifteten tun, zum anderen stellte man fest, daß bei Amalgamvergifteten auf praktisch alle künstlich zugeführten Nahrungsergänzungsmittel eine Allergie im Epicutantest bestand, die die Verschlechterung nach ihrer Anwendung medizinisch erklärte. In vielen Fällen trafen beide Nebenwirkungen zusammen.

Dies erklärt auch, warum in der Regel Umweltvergiftete sich durch die hausärztlichen Therapieversuche schlechter fühlen, als wenn sie nichts unternehmen.

Ökochonder
Frustrierte Ärzte erklären sich therapeutische Mißerfolge mit Schlagworten wie „Ökochonder" u.a., womit man einen eingebildeten Kranken meint.

Arztgeher
Erschwerend kommt bei den Umweltvergifteten noch hinzu, daß sie in der Regel zu sehr vielen Ärzten gleichzeitig oder hintereinander gehen. 50 bis 75 Ärzte sind keine Seltenheit. Jeder Arzt verschreibt ein Medikament oder eine Heilmethode seines Faches. Die verschiedenen Methoden werden dann gleichzeitig oder kurz hintereinander angewendet, noch ehe eine Wirkung eintreten kann. Die richtige Nahrung ist Heilung.

Von den Patienten, die gesund wurden, lernen wir, daß nach einem korrekten Expositionsstopp und einer kurzen Speicherentgiftung lediglich eine gesunde, ausgewogene Ernährung, deren Effekt man sofort nach dem Essen verspürt, entscheidende Fortschritte in der Gesundheitsverbesserung erbringt. Ohne toxikologische Ursachenbeseitigung erbringt andererseits jedoch die gesunde Nahrung allein auch keine Verbesserung.

Voraussetzung für eine Nahrungsumstellung nach der Ursachenbeseitigung ist eine gewisse geistige Flexibilität, weg von der künstlichen Chemie hin zu einem natürlichen Leben zu gehen. Danach ist es ein leichtes, in Nahrungsmitteltabellen nachzulesen, in welchem natürlichen Nahrungsmittel sich welche wichtigen Bausteine befinden und was zu vermeiden ist, um deren Wirkung nicht zu schmälern. Der Grundsatz von Paracelsus hat nach wie vor seine eminente Bedeutung:

> Die Nahrung soll eure Medizin sein.

5.3.1
Zink

Zink und Selen sind Spurenelemente, die durch Amalgam, Blei (Autoauspuffgase), Cadmium (Kunststoffe), Pentachlorphenol (Holzgifte) u.a. gebunden werden und dem Körper nicht mehr zur Verfügung stehen. Bei nachgewiesenen Vergiftungen mit Quecksilber, Kupfer, Cadmium oder Blei sollte Zink mindestens 400–600 µg/g Kreatinin im Urin liegen. Der Zink-Selen-Mangel ist ein direktes Zeichen einer chronischen Vergiftung. Andere Zeichen wie Blockade des Eiweißstoffwechsels beim Hirneiweiß (Acetyl-CoA) sind jedoch viel schwerwiegender.

Die Zink-Werte sollen im Urin nach DMPS (Urin II) 10.000–20.000 µg/g Kreatinin betragen!

Zinkaufnahme wird gehemmt durch:	Soja Milch-Produkte (Kalzium) Käse (Hamburger) Getreideflocken rohen Hafer Sellerie Schwarzbrot hoch-ballaststoffreiche Diät Kleie
Zinkaufnahme wird gefördert durch:	Vitamin D
Zinkfresser sind:	Blei Cadmium Formaldehyd Phosphatdünger Quecksilber Zigarr(ett)en-Rauch
Zink fördert:	Wachstum Körperkraft Aufbauen von Proteinen, Fetten und Kohlehydraten Spermaproduktion männl. und weibl. Genitalfunktion Tast-, Geruch-, Geschmacks-, Sehsinn Appetit Ausscheidung von Blei, Cadmium und Quecksilber
Zinkreich sind:	mageres Fleisch und Fisch
Zinkarm sind:	Pflanzen Gemüse
Zinkausscheidung wird gefördert durch:	Streß Hungern Antibabypille Alkohol + Zigaretten Schwitzen

	übermäßige körperliche Anstrengung
	Hormonwechsel
Zinkmangel:	je jünger – desto schwerwiegender
Zinkmangel-Folgen:	Akne (Quecksilber)
	Infektanfälligkeit
	Feererkrankung (Quecksilber)
	Haarausfall (Quecksilber, Formaldehyd)
	Haut trocken (Quecksilber, Formaldehyd)
	Blut-Hochdruck (Blei, Quecksilber)
	Hyperkinesie (Blei, Quecksilber)
	Nägel brüchig (Quecksilber, Formaldehyd)
	Osteoporose (Cadmium, Quecksilber)
	Penis und Hoden bei Knaben klein,
	Impotenz, Hormonstörungen
	Sterilität (Quecksilber, Cadmium, PCP)
	Schizophrenie (Quecksilber)

5.3.2
Selen

Selen wird bei einer Amalgamvergiftung nur von amerikanischen und skandinavischen Zahnärzten als Notbehelf verwendet, weil dort das eigentlich notwendige DMPS noch nicht zur Verfügung steht.

Da Selen ein Zinkfresser ist, muß dort das 200fach wichtigere Zink unbedingt nachgefüllt werden (morgens Selen, abends Zink).

Selen verstärkt die psychische, schwächt die körperliche Vergiftungssymptomatik, d.h., es fördert die Gifteinlagerung ins Gehirn, es vergiftet das Gehirn.

Selen ist ein „Vergifter". Nach Selengaben kann durch DMPS das im Gehirn eingelagerte Gift nur zum Teil wieder ausgeschieden werden.

Organisches Selen in der Nahrung nützt, anorganisches Selen mit Natrium als Tablette wandert ins Gehirn.

Selen ist bei Hirnsymptomen verboten.

Als Zeichen der modernen Chemiehörigkeit schlucken heute viele Amalgamvergiftete auch bei uns Selen, lassen aber ihre Giftdepots im Kiefer. Während Zink wichtig ist für 200 Enzyme für die Körperabwehr, behebt Selen nur einen einzigen Enzymmangel durch Amalgam, den der Gluthation-Peroxidase. Selen ist krebserzeugend und fördert die Einlagerung von Quecksilber ins Gehirn und hemmt seine routinemäßige Ausscheidung. Zink und Selen sind Gegenspieler. Selengabe reduziert also das Körperzink. Die Selengabe kann Kopfschmerzen, Depression, sexuelle Störungen u.a., das heißt Amalgamvergiftungssymptome des Gehirns hervorrufen.

Selen fördert Alzheimer.

5.3.3
Gesunde Nahrung

Spurenelementegehalt ausgewählter Lebensmittel – angegeben in µg/100 g Ware

Lebensmittel	Zink	Selen
Käse		
Camembert, 30% Fett i. Tr.	3400	6
Emmentaler, 45% Fett i. Tr.	4630	11
Gouda, 45% Fett i. Tr.	3900	
Tilsiter, 45% Fett i. Tr.	3500	
Ei		
Hühnerei (Gesamtinhalt)	1350	10
Eigelb	3800	30
Fisch		
Bückling		140
Felchen (Renke)	1200	37
Forelle	480	20–140
Garnele	2310	41
Hering		140
Hummer	1600	130
Karpfen		7–130
Scholle		65
Sprotte	1500	
Thunfisch		130
Geflügel		
Ente	2700	
Huhn (Leber)	3200	66
Kalbfleisch		
Muskelfleisch ohne Fett	3000	
Leber	8400	40
Rindfleisch		
Muskelfleisch ohne Fett	4200	
Filet	5700	35
Keule	3300	
Schweinefleisch		
Keule	2600	
Herz	2200	88
Weizen – Kleie	13300	60–130
Getreide und Getreideprodukte		
Gerste, Korn	3100	bis 2000
Hafer, Korn	4500	bis 5
Hafer-Flocken	4400	8–11
Mais, Korn	2500	bis 9

Lebensmittel	Zink	Selen
Back- und Teigwaren		
Eierteigwaren	1600	65
Reis, Korn – Naturreis	800–2000	40
Weizen, Korn	4100	1–130
Weizen – Keime	12000	110
Knäckebrot	3100	
Weizenmischbrot	3500	
Gemüse und Hülsenfrüchte		
Bohnen, weiß	2800	22
Broccoli	940	
Erbse, grün, in Dosen	650	
Erbse, Samen, getrocknet	3800	30–60
Feldsalat	540	
Gurke	160	bis 60
Knoblauch	1000	20
Kichererbse, Samen, grün	1240	
Kohlrabi	260	8–167
Limabohne	3100	
Linsen, getrocknet	5000	11
Löwenzahnblätter	1200	
Meerrettich	1400	
Möhren	640	
Petersilie, Blatt	900	bis 110
Rosenkohl	870	18
Rote Rübe	590	1
Sojabohnen	1000	60
Sojamehl, vollfett	4900	
Zwiebel	1400	
Pilze		
Steinpilz	700	100
Obst		
Hagebutte	920	
Verschiedenes		
Bierhefe	8000	8–90
Cashew-Kerne	4800	
Erdnuß	3070	2
Erdnuß, geröstet	3380	bis 40
Kakaopulver, mind. 20% Fett	3500	
Kokosnuß	500	810
Mandel, süß	2100	2
Paranuß	4000	100
Tee (Schwarzer Tee)	3020	bis 6
Walnuß	2700	

Folsäuregehalt ausgewählter Lebensmittel
(angegeben in µg Folsäure-Äqu./100 g Ware)

Lebensmittel	Folsäure
Ei	
Eidotter	127
Vollei	50
Getreide und Getreideprodukte	
Roggen, Vollkornmehl	40
Weizen, Vollkornmehl	43
Weizenkeime	271
Weizenkleie	159
Back- und Teigwaren	
Weizenvollkornbrot	33
Gemüse, Hülsenfrüchte, Pilze	
Broccoli, Röschen	103
Chinakohl	50
Endivie	116
Grünkohl	47
Kichererbse, getrocknet	65
Kichererbsensprossen, frisch	67
Petersilie	56
Rosenkohl	60
Rote Rübe	74
Spargel	59
Spinat	134
Sojabohnen	94
Sojasprossen	80
Wirsing	66
Obst	
Apfelsine (Orange)	35
Avocado	35
Honigmelone	30
Verschiedenes	
Bäckerhefe	930
Bierhefe, getrocknet	922
Mandel, süß	46
Sesam-Samen	58

Vitamin B_{12}-Gehalt ausgewählter Lebensmittel
(angegeben als µg Vitamin B_{12}/100 g Ware)

Lebensmittel	Vitamin B12
Käse	
Camembert, 30% Fett i.Tr.	3,10
Emmentaler	2,20
Tilsiter, 45% Fett i. Tr.	2,20
Eier	
Hühnervollei (Gesamtinh.)	3,0
Hühnereigelb	2,00
Seefische	
Hering	8,50
Makrele	9,00
Ostseehering	11,00
Rotbarsch	3,80
Seelachs	3,50
Thunfisch	4,25
Sonstige Kaltblüter	
Austern	14,60
Miesmuscheln	8,00
Steckmuscheln	62,00
Fischdauerwaren	
Bückling	9,70
Salzhering	6,00
Geflügel	
Huhn, Leber	23,00
Fleisch und Innereien	
Kalb, Muskelfleisch ohne Fett	2,00
Kalb, Herz	11,00
Kalb, Leber	60,00
Rind, Muskelfleisch ohne Fett	5,00
Rind, Herz	9,90
Schwein, Muskelfleisch ohne Fett	5,00
Sonstige Fleischarten	
Pferd	3,00

5.4
Entgiftung der Umweltgifte

Nach dem sicheren Expositionsstopp:
– Entgiftung der schnell erreichbaren Speicher wie Leber und Niere mit
a. DMPS (gegen Quecksilber und auch Zinn, Blei, Palladium, Wismut)
b. Desferal (gegen Aluminium)
c. Zink (gegen Cadmium)
d. Kohle (gegen PCP, PCB, Lindan, Dioxine, Pestizide, Lösemittel)
e. Antabus (gegen Nickel)

– Entgiftung der Fettspeicher
a. Kohle und Nulldiät bei PCP (vorher messen mit Paraffinöl), Lindan, PCB, Dioxine, Pestizide, Lösungsmittel
b. DMSA (DMPS) oral und Nulldiät bei allen Metallen

– Entgiftung des Gehirns
a. vergiftete Zahnwurzeln ausfräsen und 14 Tage lang Terracortril-Streifen einlegen (Wurzeln toxikologisch untersuchen)
b. bei Metallen Gegengifte in sehr großen Abständen geben (z.B. alle 3 Monate)
c. bei Metallen in großen Intervallen DMPS schnüffeln
d. bei Lösemitteln Kohle und Paraffinöl alle 3 Monate 3 Tage lang mit Nulldiät

5.4.1
Ginkgo biloba

Bei bedrohlichen giftbedingten Hirnfunktionsstörungen (Gedächtnisstörungen, Schwindel, Zittern, kombiniert jeweils mit Kopfschmerzen) hat sich bei uns die Gabe von Ginkgo biloba, der einzigen Umweltgiften widerstehenden Pflanze, sehr bewährt. Wenn die empfohlene Dosierung eingehalten wird, treten bei Vergifteten jedoch meist zusätzliche Kopfschmerzen auf. Die Verbesserung der Stoffwechselfunktion des Gehirns und der Blutbeschaffenheit darf nur sehr langsam eintreten. Wir empfehlen die ersten 6 Wochen täglich 3 x 1/2 Tablette Tebonin forte.

5.4.2
Calciumantagonist

Da Quecksilber das Einfließen von Calcium in die Zelle fördert, kommt es zu Nervenstörungen und zur Neigung zu Hirn- und Herzinfarkten. Calciumantagonisten normalisieren diesen Gifteffekt. Langfristig fördern sie allerdings die Osteoporose.

Amalgamvergiftete vertragen nur geringe Mengen an Calciumantagonisten, z.B. 3 x 200 mg Spasmocyclon.

Der positive Effekt wird verstärkt, wenn Ginkgo und der Kalziumantagonist gemeinsam gegeben werden. Die Wirkung tritt allerdings erst ein, wenn Amalgam restlos entfernt und entgiftet wurde.

5.5 Metall-Unverträglichkeit

Erkennen:	– Metallspiegel im Kiefer-Gebiß-Übersichts-Röntgenbild
	– Metallherde an Zahn-Wurzelspitzen im Röntgenbild
	– Metallherde im Magnetbild
	– erhöhte Speichelwerte beim Abrieb (Speichel II)
	– quantitative Untersuchungen von Zahn, Knochen, Gewebe
	– Metalle im Epicutantest positiv (nach 7 Tagen)
Behandeln:	– alle Metalle aus dem Mund unter Dreifachschutz entfernen
	– Gegengift bei erhöhtem Mobilisationstest (DMPS, Desferal)
Vorbeugen:	– keine Metallbrücken oder Klammern bzw. andere Metalle in den Mund
	– keine Implantate mit metallischer Oberfläche (Titan)
	– keine Elektroleitungen im engsten Wohnbereich
	– keine Metalle am Körper (Ohrringe)
	– keine Elektrotherapie (Stanger-Bäder)
	– keine Elektroakupunktur
	– wenig Bildschirmtätigkeit
	– kein Mikrowellenherd, keine Handys

5.6 Verhaltenstherapie

1. Viel größere Probleme liegen hinter Ihnen. Ein unlösbares Problem gibt es nicht: „Sehr lang betrachtet, zählt nichts."
2. Statt Patentrezepte gibt es nur Fleiß und Ideenreichtum im Detail. Überlegen Sie in Ruhe, was Sie gegen die Hindernisse unternehmen können.
3. Voraussetzung ist körperliche Fitness, die die seelische Belastbarkeit erhöht: Pflegen Sie sich, halten Sie Ordnung, Übersicht und Sauberkeit, machen Sie Entspannungsübungen, gönnen Sie sich Pausen und Luxus, hören Sie Musik und tun Sie alles was Ihnen Freude macht. Insbesondere ein befriedigendes Sexualleben kann das seelische Gleichgewicht fördern.
4. Erziehen Sie sich täglich zur heiteren Gelassenheit.
5. Pflegen Sie ein Minimum an belastenden Verpflichtungen. Halten Sie sich von belastenden Personen weit entfernt, meiden Sie unnötige Kontakte.
6. Denken Sie immer daran, daß die moderne Medizin und Zahnmedizin uns gute entgiftende und wiederherstellende Möglichkeiten gibt.

7. Lassen Sie sich von Freunden helfen – die sicherste Möglichkeit, aus ängstlichen Gefühlen zurück in die Wirklichkeit zu kommen. Ein gut gepflegter Freund ist eine Lebensversicherung.
8. Machen Sie eine Liste der Freuden und Freunde und eine Liste der Sorgenbringer.
9. Sinnlos ist es, über Sorgen in Panik zu verfallen und sich die Stimmung verderben zu lassen.
10. Erhalten Sie sich Ihre Lebendigkeit, Helligkeit, Ausstrahlung, Kraft und Gelassenheit.

(Frei nach GROSS G.: Beruflich Profi, privat Amateur. eomed 1982)

Kontakte zu den schädlichsten Chemikaliengruppen meiden, dazu gehören:
– Metalle
– Lösemittel
– Holzgifte
– Formaldehyd
– Pestizide
– Verbrennungsgase, Passivrauch

Vermeidbare Gifte kommen vor in:
– Nahrung
– Kosmetika
– Desinfektionsmitteln
– Medikamenten
– Haushaltsmitteln
– Hobbymitteln
– Verkehr
– Beruf

Verträgliche Alternativen suchen:
– im Mund
– in der Wohnung
– in der Nahrung

Lebensumstellung:
– Beruf
– Freizeit
– Partner

Symptomverbesserung durch Giftmeidung:
– Nervensystem
– Immunsystem

Schädliche Therapieversuche meiden:
– Medikamente
– Homöopathie
– Psychotherapie
– Elektrotherapie
– Operationen
– ungeschützte Gewichtsabnahme

5.7 Maßnahmen gegen Energielosigkeit (Depression)

- morgens früh aufstehen
- Schlafentzug: eine Nacht wach bleiben
- 100 Watt helle Glühbirnen zu Hause
- helle, farbenfrohe Kleidung tragen, nicht schwarz oder grau
- viel auswendig lernen, wie Telefonnummern, Fremdsprachen, Gedichte etc.
- knifflige Gesellschaftsspiele wie Schach, Computerspiele
- keinen Tropfen Alkohol, sondern Kaffe, Tee, oder Cola trinken
- keine Beruhigungsmittel, möglichst wenig Rheumamittel, Antibiotika oder andere Medikamente, die die Gehirnfunktion beeinträchtigen, einnehmen
- regelmäßig spazierengehen und Sport treiben, besser häufig kurz, als selten intensiv
- erlernen und mindestens dreimal tägliches Üben des autogenen Trainings
- regelmäßige kulturelle Kontakte wie Kino, Theater, Museen, Ausstellungen
- keine Gedanken an die Vergangenheit, nur an die Zukunft.

5.8 Sinnlose Therapien

Unter sinnloser Therapie versteht man Behandlungsversuche, die nicht nur nichts nutzen, sondern stets erheblichen Schaden zufügen. Ärzte empfehlen häufig sinnlose Therapien, wenn sie einen eingebildeten Kranken vermuten (Religionsersatz).
- Akupunktur: Akupunktur ist bei Nickelallergie schädlich, da die Nadeln aus Nickel sind und Teilchen in der Haut verbleiben.
- Heiltees: Schwere Allergien können zu Zittern und Schwindel führen, wie wir u.a. durch Zinnkrauttee sahen.
- Homöopathie: Der Urvater der Homöopathie, Hahnemann, empfahl bei Quecksilber-Vergiftungen die Ursache abzustellen (Expositionsstopp) und dann Schwefelleber (DMPS, DMSA). Auf keinen Fall die erneute Zufuhr des Giftes. Für Allergiker ist dies umso bedenklicher, als wir bei allen untersuchten Arzneimitteln falsche Angaben in der Beschriftung der Arzneimittelflasche nachweisen konnten.

Sinn der Homöopathie nach HAHNEMANN ist die Behandlung eines Krankheitsbildes, nicht das schulmedizinische Flicken an Symptomen. Mit Homöopathie kann die Speicherung der Gifte in Organen nicht vermindert werden.

Wahnsinn wäre es, nach der Amalgamsanierung, wenn der Körper frisch, akut mit Amalgam vergiftet ist, Quecksilber zusätzlich in den Körper zu geben (evtl. noch Zinn + Silber + Kupfer). Dies führt immer zu einer wesentlichen Verschlimmerung der Vergiftung. Weder biochemisch oder toxikologisch noch von den Vergiftungserscheinungen her läßt sich irgendeine Verbesserung durch die erneute niedrigdosierte Giftzufuhr erreichen. Unzählige, noch kränker gewordene Patienten berichteten uns das.

Da bei einer Quecksilberunverträglichkeit stets eine Allergie des Gehirns beteiligt ist, darf das Allergen nie zugeführt werden. **Strengstens verboten bei Allergie!**

In den homöopathischen Medikamenten können riesige Quecksilbermengen enthalten sein (D500: 122 µg).

- Antroposophische Medizin: arbeitet mit hohen Quecksilbermengen und vergiftet somit ihre Helfer sowie die Zahnärzte.
- Spritzen: Spritzen sind bei Nickelallergie verboten, da die Nadeln (Kanülen) aus Nickel sind und Teilchen in der Haut verbleiben. Die Medikamente in Ampullen werden oft mit dem Allergen Formaldehyd haltbar gemacht.

Medikamente, die das Gift im Körper umherwandern lassen:
1. künstliche Selengabe: sämtliche im Handel befindliche Selenpräparate (Selenase, Selenarel, Selenokehl u.a.) enthalten Natriumselenid, das anorganisches Quecksilber in organisches (Methyl-Quecksilber) verwandelt, welches anstelle des anorganischen Quecksilbers, das kontinuierlich über Niere und Darm ausgeschieden wird, in das Gehirn eingelagert wird und hochgiftig ist.
Organisches Selen aus Getreide, Fisch und Fleisch hingegen ist sehr gesund.

> **Selen ist bei Hirnsymptomen verboten.**

Sinngemäß gilt dies für alle künstlich zugeführten Spurenelemente.

2. Glutathionzufuhr: Thomas Baillie von der Universität of Washington, Seattle, entdeckte 1992, daß Spätsymptome die Folge der Bildung der Transportform des Giftes mit dem körpereigenen Antioxidans Glutathion sind, da Glutathion eine lockere Bindung mit dem Toxin eingeht und das Konjugat mit dem Blut in die entferntesten Gewebe transportiert wird. Hier zerfällt die Verbindung wieder und setzt das Toxin frei, das nun erneut eine Verbindung mit den SH-Gruppen an über 50 Stellen in jeder Zelle eingehen kann. Eine Ausscheidung wird mit Glutathion hinausgeschoben.

Als körpereigener Schutzmechanismus haben schwer chronisch Vergiftete eine stärkere Senkung des Glutathion-Spiegels, je stärker sie vergiftet sind. Wenn man den Organismus entgiftet, dann steigt automatisch wieder der Glutathion-Spiegel an. Dies ist sehr wichtig, denn ein erniedrigter Glutathion-Spiegel geht mit einem erhöhten Krebsrisiko einher.

Eine Glutathionzufuhr ist meist wegen einer Allergie auf Glutathion sehr schädlich. Sinngemäß gilt dies für alle künstlich zugeführten Vitamine:
3. Besonders stark ist die Allergiehäufigkeit bei B-Vitaminen und Vitamin C.

> **Durch künstliche Vitamine wandern die Gifte ins Gehirn.**

4. Ölziehen: führt nachweislich nicht zur Entgiftung, ist aber bei Schleimhautschäden im Mund (auch bei Prothesenträgern) sehr angenehm.

5.9 Zehn Gebote für Amalgamvergiftete

1. Bei Nerven- oder Immunschäden sofort handeln.
2. Giftentfernung *ausschließlich* unter Dreifachschutz und nach Panorama-Röntgenaufnahme.
3. Stark giftbelastete Zahnwurzeln ziehen lassen, nicht bohren. Jeder kranke oder tote Zahn schädigt auch andere Organe.
4. Bleibende Alternativen nur nach vorherigen Allergie-Bluttesten (MELISA) durch Allergologen.
5. Wiederholte Labornachweise vor und nach der Behandlung, um nicht als psychisch Kranker abgestempelt werden zu können (Kaugummi-Test, DMPS-Test mit Stuhl-Nachweis, Metalle in der Zahnwurzel, Allergieteste 7 Tage).
6. Frische, gesunde Ernährung statt Vitaminen und Spurenelementen in Tablettenform.
7. DMPS-Therapie erst nach Entfernung aller Metalle. Sehr seltene DMPS-Gabe. DMPS-Schnüffeln bei Hirn-Symptomatik.
8. Ursachenbekämpfung statt Akupunktur, Bioresonanz, Homöopathie, Psychopharmaka oder ähnlichen Verlegenheitsmaßnahmen.
9. Herausnehmbare Totalprothesen bewahren vor erneuter Verschlechterung der Gesundheit und versprechen optimale Ausheilung.
10. Sorgfältige Auswahl der Zahnärzte. Kriterium: nachweisbare Erfolge bei der Behandlung schwer Amalgamkranker (Neue Schule).

6 Alternativen

Zahnersatz*

Name	Zus.setzung	Verwendung	Vorteile	Nachteile
Alpa-Crylon	Methylmethacrylat	g,h,n	2,8,9,13	I
Artglass rosa	Methacrylat	r,n	1,5,8,9,10,12	R
Artglass, zahnf.	Methacrylat	p,d	1,5,8,9,10,12	R,S
Bioplast natur, transparent	Nylon	f,s,x,b,a,d,g, h,i,o,v	4,5,11,12,14, 15,16,17,18,20, 23,27,28	T,X,U,A, M,V
Bioplast rosa	Nylon	g,h,j,v	4,5,11,12,14, 15,16,17,20,21, 28	A,M,T,U, V,X
Charisma lichthärtend	Zubereitung aus difunktionellen Methacrylsäureestern, Glaspulver, Pigmenten u. Photoinitiatoren	a,e,p,r,s	1,5,8,9,10,12, 16,28,31	R,S,J,K,T,U
Dentacolor zahnfarben	pyrogenes Siliziumchlorid, mehrfach Methacrylatsäureestern	a,d,n,p,s,r	4,8,9,16,31,13 Biodent u. Vita	R,J,S
Dentacolor rosa	pyrogenes Siliziumchlorid, mehrfach Methacrylatsäureester	a,n,s,r	4,8,9,16,31	R,J
Dentatex PE		a,b1,b2,c,e,o	1,4,9,10,12,13, 14,16,23,24	R
Dentatex PES		a,b1,e,o	1,4,9,10,12,13, 16,23,24	R
Fiber-Splint		a,b1,e,o	4	M
Kautschuk hart, rosa	Saft vom Gummibaum mit geringen chem. Zusätzen, ohne Quecksilbersulfid	g,h,t,id,s,o,v	5,9,11,12,14,16, 19,20,21,22	A,B,C,G,O, N,R,U,V
Kautschuk hart grün 97	Saft vom Gummibaum ohne Metalloxide, ohne Farbstoffe	g,h,t,i,d,s,o,v	5,9,11,12,14,16, 19,20,21,22	A,B,G,O, N,R,U,V
Kautschuk weich	Saft vom Gummibaum mit geringen chemischen Zusätzen	k,t,u	2,5,9,11,12,14, 16,19,20,23,28, 25,24,29,31	A,C,N,O, M,T,U,V
Luxene	Methylmethacrylat, Benzoylperoxid, Vinyl	g,h,n,s	4,9,13,14,23, 24,26,28	G,A,H,R
Microbase	Diurethandimethacrylat, anorg. Füllstoffe, Initiatoren, Hilfsstoffe, Eisen- u. Titanoxidpigmente, Natriumsilikatalumimat-Polysulfid, Azofarbstoff	g,h,s,o,v	5,9,11,12,13, 16,21,26	J

* Quelle: Allergielabor Wilfried Aichhorn GmbH, Windschnur 1, 83278 Traunstein

Amalgam

Name	Zus.setzung	Verwendung	Vorteile	Nachteile
Paladon clear Langzeitpolimerisat	Methylmethacrylat u. Benzoylperoxid	g,h,n,o,s	3,8,9,24,25,26	F,G
Paladon rosa Langzeitpolimerisat	Methylmethacrylat u. Benzoylperoxid	g,h,n,o,s	3,8,9,24,25,26	F,G
Palabase LC	Polymethylmethacrylat u. Urethandimethacrylat	h,g,l,n,s,r	9,13,4,12, 16,21,28	J,L,U,K
Pala-X-Press rosa	MMA ohne Cadmium	g,h,s	2,3,8,9,13,25, 26,28	R,I
Poly-W	Methylmethacrylat	a,b,d,o	4,9,12,13, 16,24,28	J,V
Dental „D" rosa	Polyoxymethylen	g,v,h,n,s	4,11,12,13,14, 17,20,21,23, 24,26,28,31	D,X,V,T
Dental „D" zahnfarben	Polyoxymethylen	a,b,f,w,c,d,j	4,11,12,14, 17,18,27	A,D,T,X, U,V
Promysan Star 98 opak weiß	aus der Polyester-Gruppe	a,b,g,f,h,s,o	12,5,11,14, 16,27	X,F,V
Promysan Star 98 rosa	aus der Polyester-Gruppe	g,h,s,o	5,11,12,14,16, 17,20	V,X
Prosthoflex rosa	Polycarbonat 90% Füllstoff 10%	g,h,n,o,s,v	5,9,11,12,13, 14,16,17,20,21, 23,24,26,28	A,C,V,T,X
Prosthoflex clear	Polycarbonat 90% Füllstoff 10%	g,h,n,o,s,v	4,5,9,11,12,14, 16,20,26,27	A,T,F,X,V
Puran	Polyurethan ohne Monomer	g,h,s	4,9,11,12,13, 16,20,25,26,28	nicht bekannt
PVSH Polyan rosa	Methylmethacrylat, Thermoplast	g,h,n,s	2,3,8,9,12, 13,16,25,26	G,H,R,I,M
PVS-H Polyan clear	Methylmethacrylat, Thermoplast	g,h,n,s,o	3,8,9,2,12,16, 25,26, 27,28	R,G,H,V
Silikonkautschuk	Polydimethylvenylmethylsiloxan	k	32,7	M,N,O,R
Targis	Bis-GMA, Decandioldimethacrylat, Urethandimethacrylat, Pigmente, Zirkonoxid, Siliciumdioxid, Bariumglasfülle	a,d,p	12,13,16,28	S
Trim (Autopolymerisat)	Methylmethacrylat	i,m,d	1,8,9,4,10, 12,32,16	P,Q
Vectris	Glasfaser + Targis	b_1,b_2,c	1,3,9,12,14, 23,24,27	R
Zeta rosa, lichthärtend	Dibenzoylperoxyd u. Urethandimethacrylat pyrogene Kieselsäure	g,i,h,r,s,v	2,5,8,9,11,12, 13,16,20,21, 26,28	J,L
Zeta zahnfarben, lichthärtend	Dibenzoylperoxyd u. Urethandimethacrylat pyrogene Kieselsäure	e,c nur primär, p,a	5,8,9,11, 12,13,16,21, 25	J,L

Verwendung

Buchstabe	Steht für
a	Kronen, Prothesenzähne Langzeit metallfrei
b 1	Brücken metallfrei 1 Zwischenglied
b 2	Brücken metallfrei 2–3 Zwischenglieder
c	Teleskoparbeiten metallfrei
d	Inlays (nur wenn nichts anderes vertragen wird)
e	Inlays (für Langzeitversorgung)
f	Modellgüsse metallfrei
g	Totalprothesen
h	Partielle Prothesen
i	Unterfütterung bei Allergiepatienten
j	Klammern metallfrei
k	Weichbleibende Unterfütterung bei UK-Totalprothesen
l	Unterfütterung direkt im Mund
m	Bei Allergieprothesen als Prothesenkörper, kleine Reparaturen oder als Provisorium
n	Kunststoffsättel
o	Aufbisschienen
p	Verblendung von Kronen und/oder Brücken
r	Mit rosa Farbe im labialen Bereich bei Allergie Patienten
s	Sättel bei Modellgüssen
t	ACHTUNG! Nur Porzellanzähne verwenden
u	Notfalls ganze Prothesen aus Gummi, nicht zum Essen geeignet
v	Anwendung bei Methylmetacrylat-Unverträglichkeit

Vorteile

Nummer	Bedeutung
1	Gutes Verbindungsmaterial
2	Gutes Unterfütterungsmaterial
3	Teilweise gut verträglich
4	Gut verträglich
5	Sehr (gut) verträglich
6	Implantierfähiges Material
7	Ideale Shore Härte auswählbar
8	Leicht zu verarbeiten
9	Paßgenau
10	Zur Verarbeitung auf beschliffenen Zähnen zugelassen
11	MMA-frei
12	Benzoylperoxyd frei
13	Schöne Farbe(n)
14	Hohe Bruchfestigkeit
15	Ähnelt dem menschlichen Eiweiß
16	Kein Formaldehyd
17	Zäh, elastisch, fast unzerbrechlich
18	Gut für federnde und zahnschonende Klammern

Amalgam

Nummer	Bedeutung
19	Sehr kieferfreundlich
20	Wirkt angenehm kühlend auf den Kiefer
21	Sehr gewebefreundlich
22	Organisches Material
23	Lange haltbar
24	Lange Tragezeit möglich
25	Unterfütterung von Kunststoffprothesen
26	Totalprothesenherstellung
27	Einfarbig, deshalb verblendbar mit Zeta, Dentacolor, Charisma, Targis
28	Cadmiumfrei
29	Wenn verträglich, mit Metallkonstruktion durchaus belastbar
30	Durch ein Spezialverfahren entweicht das Benzoylperoxyd
31	Bei 135 Grad Celsius sterilisierbar, ohne daß es sich verändert
32	Sehr spröde leicht zerbrechlich

Nachteile

Buchstabe	Bedeutung
A	Mühsame Herstellung
B	Enthält Schwefel und geringe Zusätze
C	Farbe Rose Opak
D	Enthält Formaldehyd
E	Nur eine Weiß-Opake Farbe zur Verfügung
F	Zahnfleischpartien wirken im Frontbereich schwarz bzw. weiß und müssen gegebenenfalls mit Dentacolor rosa, Zeta rosa oder Charisma verblendet werden
G	Manchmal Brennen am Gaumen und der Schleimhaut
H	Manchmal Probleme mit Lymphe und Kreislauf
I	Farbstoff wird manchmal nicht vertragen
J	Spröde
K	Glashart
L	Leicht brüchig
M	Aufwendige Verarbeitung
N	Vulkanisation
O	Chemische Verbindung zum Kunststoff möglich, Modellgußverstärkung nötig
P	Nur Weiß erhältlich
Q	Muß zur besseren Verdichtung gepresst werden
R	Wird manchmal nicht vertragen
S	Nur zur Brückenverblendung geeignet
T	Schlecht polierbar
U	Schlechte Verbindung mit den Zähnen
V	Sehr aufwendige technische Verarbeitung
X	Starke Schrumpfung und Verwindung nach dem Ausformen

Kontraindikationen für zahnmedizinische Materialien

Material	Nebenwirkungen	verboten bei
Gold	Autoimmunkrankheiten	Allergie auf Metalle
Indium	Autoimmunkrankheiten	Allergie auf Metalle
Keramik	vorsicht: kein Palladium darf darunter sein!!	Aluminiumallergie
Kunststoffe	Allergie	Methacrylatallergie
Naturkautschuk-Prothese	Allergie	Gutapercha-Stifte in wurzeltoten Zähnen
Palladium	schwerste Immun- und Nervenschäden Autoimmunkrankheiten	stets verboten!! Allergie auf Metalle
Platin	Autoimmunkrankheiten	Allergie auf Metalle
Titan	Autoimmunkrankheiten	Allergie auf Metalle

> **Nie Metalle als zahnmedizinischen Werkstoff verwenden!**
> **Kunststoffe vor der Anwendung auf Verträglichkeit überprüfen.**

Zahnmedizinische Werkstoffe auf Kunststoffbasis

Name	Hersteller	Material	Größe (µm)
Adaptic II	J and J	Bariumsilicat	1–3
APH	L.D.Caulk	Bariumsilicat	1
Bis Fil P	Bisco	Barium+Strontium	1–3
Charisma	XXX	Quartz	1–3
Clearfil Photoposterior	Kuraray	Quartz	1–3
Estilux Posterior	Kulzer	Bariumsilicat, Lithiumsilicat	5–8
Fulfil	Caulk	Bariumsilicat	3–8
Herculite	Kerr	Bariumsilicat	0,6
Heliomolar RO	Vivadent	Koll. Silicat + Ytterbium, Fluorid	0,05
Occlusin	ICI	Bariumsilicat, Quartz	1–8
P-30	3M	Finesilicat	1–3
P-50	3M	Zirkoniumsilicat	1–3
Post Com 2	Pentron	Bariumsilicat	1–3
Vislomolar RO	ESPE	Quartz	1–5

Totalprothese:
Normale Ausführung: preiswert, paßgenau, einfach herauszunehmen
Material: Pala x Press
chemische Bezeichnung: Methylmethacrylat mit Benzylperoxyd
Paßgenauigkeit: sehr gut
Preis: Laborkosten, kein Aufpreis

Allergikerprothesen:
Kautschukprothese
Material: Saft vom Gummibaum plus Schwefel
Rosafärbung: $FeO_2 + TiO_2$
Paßgenauigkeit: gut
Zähne für die Keramikprothese enthalten von der Fabrik aus:
1. Porzellan
2. Palladiumhülse
3. Lot
4. Nickelstift
5. Vergoldung
6.–8. Porzellanschichten.

Die Metalle 2–5 werden für Allergiker im Labor Aichhorn entfernt und Retentionen aus Keramik angebrannt, so daß keine Metalle mehr anwesend sind.

Totalprothesen bei Allergie auf Benzoylperoxyd

Name	chemisch	Paßgenauigkeit
Microbase	Polyurethan	gut
Promysan rosa	Polyoxymethylan	nicht so gut
Prosthoflex rosa	Polycarbonat	gut
PVHS Polyon rosa oder clear	Methylmethacrylat ohne Benzoylperoxyd	gut
Paladon rosa oder clear	Methylmethacrylat ohne Benzoylperoxyd	sehr gut
Zeta	Dibenzoylperoxyd + Urethandimetacrylat, pyrogene Kieselsäure	gut, leicht brüchig, da glashart

Totalprothese bei Allergie auf Methylmethacrylat und Benzoylperoxyd

Name	chemisch	Paßgenauigkeit
Bioplast natur	Nylon	schlecht
Bioplast rosa	Nylon	schlecht
Microbase	Polyurethan	gut
Promysan rosa	Polyoxymethylen	schlecht
Promysan Star 91	Polyester	schlecht
prosthoflex	Polycarbonat	gut
Naturkautschuk oliv	Saft v. Gummibaum + Schwefel	gut
Naturkautschuk rosa	Saft v. Gummibaum + FeO_2+TiO_2	gut

Primär gut vertragene Materialien können bei bereits bestehender Amalgamvergiftung noch zusätzlich schädigen:
- Gold hält Amalgam im Kieferknochen fest,
- Palladium potenziert die Amalgamwirkung,
- Indium, Gallium, Kupfer, Zinn u.a. Bestandteile von Spargold hemmen die Amalgamausscheidung,
- Aufbrennkeramik potenziert die Amalgamwirkung mit Aluminium,
- formaldehydhaltige Kunststoffe schädigen alle Patienten mit einem durch Amalgam gestörten Formaldehydabbau,
- Nickel-Chrom-Molybdän-Draht, der häufig zur Befestigung von Prothesen im Mund verwendet wird, kann eine stark allergieauslösende und krebserregende Wirkung haben.

Eine nachgewiesene Nickelallergie verbietet sowohl Amalgam als auch Gold als Alternative.

Als Alternative haben sich daher bei Schwerkranken nur die Entfernung aller erkrankten Zähne, ein Ausfräsen des Zahnhalses, Einlegen von Salbenstreifen zum Ausheilen der verunreinigten Wunde und Einpassen einer herausnehmbaren verträglichen, cadmiumfreien Prothese bewährt.

Kunststoffe sind haltbarer, leichter zu verarbeiten und billiger als Amalgam.
Zahnversorgungsalternativen dürfen erst angesteuert werden, wenn eine korrekte Amalgamsanierung und Entgiftung durchgeführt wurde. Jede Alternative hat Nachteile und kann möglicherweise wegen einer Allergie u.a. nicht vertragen werden. Es dürfen nur Alternativen, die vorher vom Hautarzt Tage auf der Hand getestet wurden, verwendet werden. Nur Zahnärzte, die nie Amalgam gelegt und Amalgamvergifteten nie Goldlegierungen verpaßt haben, kennen alle Nachteile der Alternativen. Korrekte Amalgamalternativen kennt heute kaum ein Zahnarzt. Goldlegierungen bei Hochbelasteten verstärken die Amalgam-Kiefer-Depots noch zusätzlich.

7 Bezahlung

Schizophrene lassen sich todbringende Gifte wie Amalgam nur dann entfernen, wenn die Krankenkasse ihnen alles bezahlt.

> Reine Willkür herrscht bei der Finanzierung der Amalgamkrankheit.

Erst, wenn der Kranke selbst auf seine Diagnose kommt und diese wissenschaftlich untermauern läßt, hat er eine Chance, die Behandlung rückwirkend bezahlt zu bekommen. Da dies nur Reichen möglich ist, sollte man sich vorher überlegen, ob man sich ein Allergen in den Kopf setzen läßt, das nur gnadenhalber eventuell wieder entfernt wird, wenn es bereits zu den zu erwartenden Schäden gekommen ist.

Je nachdem, wie eine Krankenkasse finanziell bestellt ist, bezahlt sie die Behandlung.

> Krankenkassen zahlen lieber für Gutachter als für die Heilung.

Manche Krankenkassen zahlen alles zu 100%, bis hin zu Alternativen aus Palladium, auf das z.T. vorher schon eine Allergie bekannt ist. Andere Krankenkassen zahlen lediglich Unsummen an Gutachter, die in gleichlautenden Computertexten immer wieder die offiziellen Statements wiederholen, wonach Amalgam völlig gesund sei, fast nie eine Allergie nachgewiesen wurde und der Patient (und seine Ärzte) nur zum Psychiater gehen sollten. Allen diesen Gutachtern gemeinsam ist, daß sie noch nie vorher einen Kranken gesund machen durften. Diese Gutachten ersparen den Kassen, ihrer Zahlungsverpflichtung nach der vorausgegangenen schädlichen Therapie nachzukommen. Andere Gutachter scheuen sich, sich mit dem Nachweis einer Amalgamvergiftung unbeliebt zu machen und haben Angst, daß die betroffene Industrie sie mit ihrem Einfluß zunichte macht und lassen sich lieber von ihr bezahlen.

Das Amalgamlegen wäre kein Geschäft, wenn Krankenkassen auch die Amalgamsanierung bezahlen müßten, daher helfen ihnen alle Vertrauensärzte.

Zahlungsbereitschaft der Krankenkassen

	schlecht	gut
Pflichtkrankenkasse	Barmer, DAK, Post	Techniker, AOK, BKK Heilber
Private Kassen	Vereinte, Beihilfe	BKK

Obwohl es im Kassenrecht keine Abrechnungsziffer für die Entfernung von Amalgam gibt und nur das Legen der Alternativen abrechnungsfähig ist, bekommen geschickte Patienten alles erstattet. Die Kunststoffalternative darf ein deutscher Zahnarzt nur bei jedem Hundertsten auf Krankenschein durchführen, damit die Pflichtversorgung Amalgam erhalten bleibt.

Nur Patienten, die die Abwicklung stets schriftlich – möglichst mit Rechtsberatung – durchführen und niemals zum Schalterbeamten gehen, bekommen alles erstattet. Mündlich Verkehrende werden oft in die Irre geführt.

Obwohl viele Krankenkassen behaupten, ein positiver Allergietest (Epicutantest) sei die Voraussetzung für die Bezahlung der Behandlung einer Amalgamkrankheit und der erforderlichen Amalgamalternativen, so kennen wir zahlreiche Fälle, bei denen trotz positiver Amalgam-Epicutanteste, die in Uni-Derma-Kliniken durchgeführt wurden, die Krankenkassen die Bezahlung abgelehnt hatten und sich erst im anschließenden Sozialgerichtsverfahren vor einem drohenden Urteil „freiwillig" bereit erklärten, die in ihren Statuten festgelegten Zahlungen zu übernehmen. Andere Krankenkassen, wie die Barmer Passau, verlangten bei positivem Amalgam-Epicutantest die Vorlage eines erhöhten DMPS-Testergebnisses und zahlten prompt 8000.– DM für eine Goldalternative als auch dies vorlag.

Wenn der Patient sorgfältig vermeidet, von einer Amalgamvergiftung zu sprechen und nur von einer nachgewiesenen Allergie mit den typischen örtlichen Symptomen spricht, dann hat er mit Zahnärzten und Kassen den geringsten Ärger.

Wenn er von seiner nachgewiesenen Vergiftung spricht, Meßdaten auf den Tisch legt und Nerven-und Immunschäden durch Amalgam anspricht, läuft er sehr große Gefahr, als eingebildet Kranker („Ökochonder") oder Nervenkranker („Schizophrener mit Vergiftungswahn") von der Polizei gegen seinen Willen in eine geschlossene Psychiatrie eingewiesen zu werden. Wir haben darüber zahllose Fälle gesammelt. Eine Freilassung geschieht nur, wenn ein ganz verständnisvoller Richter zuständig ist. Zugleich wird dann oft das Sorgerecht für das Kind entzogen.

7.1
Recht

Von weit über 100 000 Sozialgerichtsprozessen wurde nach unserer Kenntnis noch kein einziger wegen einer nachgewiesenen Amalgamvergiftung zugunsten eines Kranken entschieden. In glasklaren Fällen wurde meist ein Urteil umgangen und die Krankenkassen gaben vorher noch schnell nach. Die Zahnärzte sorgen stets dafür, daß genügend Gutachter zur Verfügung stehen, die beweisen, daß in diesen Fällen nicht Amalgam krank machte, sondern der Patient eine angeborene Nervenschwäche hatte. Die Patienten argumentieren meist blauäugig.

Ein Zahnarzt, der vor 20 Jahren hauptverantwortlich an der Universität „die Ungefährlichkeit von Amalgam" herausgearbeitet hat, verdient heute sein Geld mit dem Einsetzen von Alternativen und ist bei der Zahnarztkammer in Ungnade gefallen.

Zahnärztlich ist jede nur denkbare Versuchsanordnung von unverträglichen Metallmischungen im Mund am Menschen erlaubt. Mußbestimmungen gibt es keine, nur Kannbestimmungen. Jeder Kranke muß selbst auf die Ursache kommen und muß auf eigene Kosten die Schädigung nachweisen. Wenn er Glück hat, findet er einen Zahnarzt, der gegen Privathonorar die Ursachen abstellt.

Zahnärzte dürfen juristisch alles: flüssiges Quecksilber in die Wurzeln von Schneidezähnen füllen, Amalgamsplitter im Kieferknochen belassen, trotz Amalgamallergie Amalgam unter Goldkronen, Keramikkronen oder Kunststoff belassen, trotz Palladiumallergie Palladiumkronen legen, obwohl vorher schriftlich Biogold versprochen war, Wurzel mit Quecksilber überstopfen u.a.

Völlig widerrechtlich lehnen manche Krankenkassen einen positiven Amalgam-Epicutantest nach den Richtlinien der Deutschen Dermatologischen Gesellschaft ab, wenn ein Arzt/Hautarzt/Klinik zu häufig Teste mit positivem Ergebnis bestätigen mußte. Die Krankenkassen verlangen dann, daß das Ergebnis in der Universitäts-Klinik wiederholt werden muß. Wie lächerlich das ist, versteht man erst, wenn man weiß, daß ein handelsübliches Reagenz auf ein handelsübliches Pflaster in einer vorgegebenen minimalen Menge von medizinischen Hilfskräften aufgebracht wird und nach Abnehmen des Pflasters vom Arzt die Hautpusteln beurteilt werden. Spezialkenntnisse sind hierfür nicht erforderlich. Aber auch diese wurden manchen Dermatologen von Krankenkassen willkürlich abgesprochen. Wie brutal die Forderung der Wiederholung an der Uni-Klinik ist, sahen wir bei einem Kleinstbauern, der dreimal die 200 km mit Bus und Bahn auf seine Kosten, die höher waren als die dann bezahlte Kassenleistung, in die Universitätsstadt fahren mußte, bis er den positiven Amalgam-Epicutantest erneut bestätigt bekam, da der vorher schon dreifach positiv war.

Gutachter
Gutachter müssen nachweisen, daß sie ausreichende Sachkunde auf dem Gebiete der Feststellung von Schwermetallvergiftungen besitzen, sie müssen nachweisen, daß sie Schwermetallvergiftete erfolgreich geheilt haben.

Bei der Begutachtung sollten immer Angehörige als Zeugen anwesend sein.

7.1.1
Amalgamverbot

Ein Amalgamverbot wird nie kommen, denn es wäre eine Bankrotterklärung für die gesamte Welt-Zahnmedizin mit verheerenden Folgen für die gesamte Medizin, besonders die Psychiatrie und die Immunologie. Die psychiatrischen Kliniken (und Gefängnisse) wären leer, wenn man rechtzeitig jeden Auffälligen korrekt amalgamsaniert hätte.

7.1.2
Behördenreaktion

Behörden negieren Amalgamkranke.

Dem ehemaligen Bundesgesundheitsamt stellten wir auf Anfrage unsere 20 000 belegten Amalgamfälle mit z.T. nachgewiesenen Autoimmunkrankheiten zur Überprüfung zur Verfügung. Nachdem alles bereit stand, haben wir seit über einem Jahr nichts mehr gehört; das Interesse an den Amalgamopfern scheint erloschen zu sein, seit die Staatsanwaltschaft die Ermittlungen eingestellt hat.

Politiker und Behörden lassen Anfragen Betroffener mit gleichlautenden Computerbriefen durch ihre Vorzimmer beantworten.

8
Therapieerfolge

Während sich jede Nerven- oder Immunschädigung durch die Wegnahme eines Nerven- oder Immungiftes grundsätzlich nur bessert und die Zukunftsaussicht erhöht, können sich alle amalgambedingten Schäden bei rechtzeitigem Vermeiden und Behandeln vollständig beheben lassen. Viele Erkrankungen durch Amalgam sind noch nicht erkannt und klinisch beobachtet. Aufgrund des biochemischen Wirkmechanismus von Amalgam und des extrem unterschiedlichen Reaktionsmusters von Menschen auf Nervengifte und Erbschäden müssen es viele tausend sein.

Quecksilber wird im Darm und im Gehirn in organisches Quecksilber verwandelt und dieses führt, je nach Labilität, in jeder denkbar geringen Menge zu Schäden der Erbsubstanz jeder einzelnen Zelle, also zu Punktmutationen. Dies ist der Auslöser für zahlreiche Stoffwechselschäden mit schillerndem medizinischem „Syndrom". Nameneinheitlich ist allein nur, daß man ihre Ursache nicht kennt. Bekanntlich wird eine giftbedingte Organschädigung prinzipiell nicht untersucht, das würde nicht in unser Weltbild passen, wir müßten völlig umdenken lernen. Vergiftete gelten heute noch oft als Spinner.

8.1
Allergien, Feer, MCS

Die Quecksilber-Allergie ist außerordentlich häufig. Nur befällt sie nicht die Hornhaut, auf der die Hautärzte ihre Tests meist durchführen, sondern das Gehirn (Neuro-Allergie, MCS-Syndrom). Man nennt dies Feer-Syndrom.

Feer-Syndrom

Ursprünglich kindliche Amalgamvergiftung durch die Mutter oder quecksilberhaltige Medikamente. Entspricht aber genau der Vergiftung bei Erwachsenen.

Der Schweizer Kinderarzt Feer hatte dieses Syndrom in den 20er Jahren bei Kleinkindern entdeckt. Die Kinder hatten quecksilberhaltige Salben bekommen, waren unruhig, reizbar, reagierten hysterisch, aßen nicht, schliefen unruhig und viele starben. Nach Abschaffen der Salbe genasen alle kranken Kinder (Fanconi, England, 30er Jahre 20.000 Kinder). Nur Kinder amalgamtragender Mütter erkrankten danach noch. Die Vorschädigung plus Zusatzgift führte zu dieser Hirn-Vergiftung.

Heute wird das Feer-Syndrom bei Kindern mit unendlich vielen Begriffen umschrieben, bei Erwachsenen kennt es kein Arzt, da es nur in Kinderheilkundebüchern nachzulesen ist. Da die Giftausscheidung nicht extrem hoch ist, jedoch die Hirnerscheinungen extrem sind, muß man das toxisch-allergische Bild als Nervenvergiftung ansehen. Amalgamsanierung und DMPS bessern das Bild deutlich, eine Ausheilung ist wegen der häufigen Quecksilberkontakte nicht möglich (Tetanusimpfung mit Td-pur). Häufigste Folge ist durch den quecksilberbedingten Folsäuremangel eine Formaldehyd-Stoffwechselstörung.

Amalgam

Symptome sind:

Appetitlosigkeit
Bewegungsstörung (Känguruhstellung)
Bluthochdruck
Fieber
Fingerspitzen, feucht-rot, schmerzhaft („Morbus Raynaud")
Frieren
Gewichtsverlust („Anorexia nervosa")
Gliederschmerzen
Haarausfall
Hautekzem
Hautschuppung
Herzjagen
Hirnentzündung
Hypersexualität (Onanieren)
Juckreiz
Krämpfe, epileptiform
Lähmungen (Ataxie, Steppergang, Polyneuritis, Polyradiculitis, Landry)
Lichtscheu
Müdigkeit, chronische
Mund-Schleimhautentzündung
Muskelschwäche und -schrumpfung
Pelzigkeit der Glieder
Reizbarkeit
Schäden des vegetativen Nervensystems
Schmerzen, lanzenstichartig
Schweiß
Speichelfluß
Tod an Atemlähmung
Tränenfluß
Wesensveränderung (Depressionen, weinerlich, Negativismus, Schlafumkehr, Apathie)
Zahnlockerung und Zahnausfall
Zittern
Zuckerentgleisung

Nachweis:
Wenn ein Neugeborenes durch die Schwangerschaft Amalgam erhalten hat, dann finden sich im Kernspin des Gehirns stets „UBOS" (unknown bright objects) und Herde im Stammhirn und Kleinhirn-Brückenwinkel das sogenannte Feer-Syndrom. Wenn nun neue Nervengifte hinzutreten, zum Beispiel durch neues Amalgam oder durch ungeschütztes Herausbohren, dann wird aus UBOS jeweils ein großer Herd, man spricht dann von einer multiplen Sklerose oder Encephalitis disseminata.

Durch die Krankheits-Karriere lernt man viel über die Auslöser kennen.

Therapie:
3 x im Abstand von 4 Wochen 1 Kapsel Dimaval (DMPS) schlucken oder besser an einer offenen Ampulle schnüffeln. (Messung von Quecksilber im 3. Stuhl danach.)

Hautteste
Eine Allergie besteht selten auf reines Quecksilber, sondern meist auf die Vielzahl organischer und anorganischer Salze mit Quecksilber, Zinn, Silber und Kupfer, die auf der Oberfläche von Amalgam entstehen. Daher empfiehlt sich beim Hautarzt folgender Test:

Zu Staub gemahlene Bröckchen des herausgebohrten, eigenen Amalgams mit einem Pflaster 7(!) Tage auf den Rücken kleben. Psoriasisähnliches Bild (Schuppenflechte). Dieser Test war bei allen unseren vergifteten Patienten positiv.

„Akne"
Über den Amalgamfüllungen sind oft akneartige rote Pickel im Gesicht, die besonders junge Mädchen sehr deprimieren. Sie verschwinden nur nach der restlosen Amalgamentgiftung.

8.2 Antriebslosigkeit – Depression

Die giftbedingte Antriebslosigkeit ist morgens am stärksten, da nachts die Entgiftung gemindert ist.

Es gibt keine Amalgamvergiftung ohne Antriebslosigkeit und ständige Müdigkeit. Quecksilber und Zinn wirken als Dauerpeitsche, die den Körper nicht ruhen lassen. Schlafstörungen gehören dazu. Dieses Symptom bessert sich am augenfälligsten durch DMPS und kehrt bei Giftumlagerung wieder, ist also einer der Hinweise für die erneut notwendige Gegengiftgabe.

In besonderen Fällen kann sich das Bild bis hin zur Bewußtlosigkeit (Koma) verschlechtern. Ohne rechtzeitige DMPS-Spritze und Ziehen der Amalgamzähne siechen diese Patienten hin.

8.3 Bauchschmerzen

Durch frühere Unterleibs- oder Blasenentzündungen kommt es bei jungen Mädchen zu einer exzessiv hohen Giftspeicherung von Amalgam in den betroffenen Nerven. Nach DMPS äußert sich dies in einer kurzen Befreiung und dann 1–3mal in heftigen Bauchschmerzen im Anschluß. Außer einer Wärmflasche hilft hier Diclofenac (1 Zäpfchen 50 mg) schlagartig.

DMPS und DMSA helfen insbesondere bei Durchfällen nicht sofort. Schmerzen verursacht besonders das Silber im Amalgam, das nur durch die Amalgamentgiftung in der Wirkung abgeschwächt wird.

Nierenschwäche ist die klassische Amalgamvergiftungsfolge. Hier sind Kapseln zur Entgiftung besser.
Die häufigste Folge einer Amalgamvergiftung sind Pilze im Darm (Candida). Meist müssen auch Pilzherde im Backenzahn unten operativ entfernt werden (s. Kap. 3.6 und 4.6)

8.3.1 Leberschaden

Amalgam bewirkt auch bei Nichtalkoholikern durch die Hemmung der Enzyme (Coenzym A), insbesondere bei einem Zinkmangel in der Zelle, eine Veränderung der Leber wie beim chronischen Alkoholismus. Diese verschwindet völlig durch eine korrekte Amalgamentgiftung.

8.3.2 Bauchspeicheldrüsenentzündung

Wie oben kann Amalgam auch zu einer selten erkannten Entzündung der Bauchspeicheldrüse mit Zuckerentgleisung führen. Es kommt dabei zu Herden in den 4er Zähnen oben.

8.4 Blasenentleerungsstörungen

Hier kann Amalgam vielschichtig wirken: von einer starken Nierenvergiftung über die hohe Konzentration im Blasen-Schließmuskel, zu quecksilberresistenten Bakterien und einer hohen Konzentration von Amalgam in der Vorsteherdrüse. Auch Eierstock- und Gebärmutterzysten durch Amalgam komplizieren das Bild, das von einem ständigen Harndrang bis zur Notwendigkeit reichen kann, sich selbst wegen Verkrampfung einen Blasenkatheder legen zu müssen. Häufig besteht eine hohe Giftausscheidung über den Stuhl. Nach der Amalgamsanierung und DMPS muß ein intensives Blasentraining erfolgen.

8.5 Blutbildveränderungen

Direkt und über eine chronische Entzündung im blutbildenden System kommt es zur Veränderung der weißen Blutzellen und der Blutplättchen. Extrem stark kann dies werden, wenn Belastungen durch Holzgifte dazukommen.

8.6 Depressionen, Psychosen

Quecksilber und Zinn, in speziellen Hirngebieten eingelagert, machen stark depressiv und verursachen Wahnvorstellungen. Dies endet oft im Selbstmord. Zahnärzte und Quecksilberarbeiter (Hutmacher früher) weisen eine hohe Selbstmordrate auf. Makaber ist, daß gerade psychiatrische Patienten intensiv mit Amalgam vergiftet sind. Bei Schizophrenen besteht eine abartige Stoffwechselstörung für Quecksilber: sie können nur wenig über den Urin ausscheiden, sondern hauptsächlich über den Darm. Dabei entsteht das giftige Methyl-Quecksilber (organisch), das besonders das Hirn vergiftet. DMPS aus Ampullen geschnüffelt hilft hier besonders gut. Da eine besondere Giftempfindlichkeit des Gehirns vorliegt, geben die Mobilisationswerte – auch wenn sie extrem niedrig sind – keinen Hinweis auf die Schwere der Erkrankung, sondern nur das verbesserte klinische Bild nach DMPS. Jeder Amalgamträger hat psychische Probleme. Manche haben gelernt, damit umzugehen. Schizophrenie tritt in der Durchschnittsbevölkerung zu 1% auf, bei Amalgamvergifteten zu 80%.

8.6.1 Drogenabhängigkeit

Quecksilber hemmt den Drogenabbau z.B. durch Folsäurehemmung. Durch die seelischen Probleme schlittern Amalgamvergiftete oft in eine Drogenabhängigkeit. Erst nach der Entgiftung kommen sie spontan wieder davon los.

8.7 Durchfälle

Schwermetalle reizen beim Verschlucken Empfindliche stets zu Durchfällen, die bei Quecksilber eitrigblutig sein können. Bei einer Probenentnahme der Darmschleimhaut können die Amalgambestandteile nachgewiesen werden.

Da die Gifte über die Entstehung organischer Anteile durch Darmbakterien zuzüglich für eine starke Hirnvergiftung über den Blutweg sorgen, werden die Darmvergiftungen dann psychotherapeutisch statt ursachenbezogen angegangen. Die Diagnosen heißen dann Morbus Crohn oder Colitis ulcerosa – je nach Fortschreiten der Darmvergiftung. Ohne Ursachenbeseitigung bleibt man treuer Patient beim Gastroenterologen und Psychotherapeuten.

Hier sollte DMPS unbedingt gespritzt werden und gegen die Darmreizung der über die Leber und Galle ausgeschiedenen Gifte Medizinalkohle (10 g Kohle-Pulvis, Dr. Köhler) dazugegeben werden.

Solange die Darmreizung besteht, sollten Kapseln oder Pulver keinesfalls gegeben werden; Spritzen fördern die Nierenausscheidung und halten die Darmausscheidung auf einem Minimum. Später sollten Metalle grundsätzlich vermieden werden.

Zink sollte regelmäßig in die Vene gespritzt werden (wöchentlich eine Ampulle Unizink).

Auch eine amalgambedingte Überfunktion der Schilddrüse kann diese Durchfälle verstärken.

8.8 Epilepsie

Bei verstärkter Gifteinlagerung von Amalgam in spezielle Stammhirnareale kann es bei Zusatzreizen (Licht, Streß) zu Krämpfen kommen. Alkohol mit der Zufuhr von Methylquecksilber fördert stark die Krampfneigung.

Die erste DMPS Spritze kann einen Anfall auslösen, wenn der Arzt nicht eine Ampulle Phenhydan in die Vene vorspritzt. Bei langjähriger Epilepsie müssen alle lange Zeit gefüllten Amalgamzähne gezogen und die Depots ausgefräst werden. DMPS-Kapseln eignen sich zur Langzeitentgiftung. DMSA ist hier viel besser wegen seiner Fähigkeit, organisches Quecksilber aus dem Gehirn auszuscheiden.

8.9 Gedächtnisstörungen

Jedes Nervengift verursacht Gedächtnisstörungen. Bei Amalgam und Aluminium ist diese Wirkung jedoch am meisten ausgeprägt. Verschlimmerungsfaktor ist die Formaldehyd-Stoffwechselstörung. Natürlich spüren dies Geistesarbeiter eher. Begleiter sind eine geistige Schwerfälligkeit, Angst vor etwas Neuem, Mühe, sich über Kleinigkeiten zu freuen, erhöhte Schmerzempfindlichkeit, Unterwürfigkeit, Aufbrausen, Gefühl wie unter einer Glocke zu leben, Unfähigkeit für feine Fingerbewegungen usw. DMSA wirkt hier erst nach der korrekten Amalgamsanierung hervorragend zur Hirnentgiftung. Bei Aluminiumvergiftung ist DMPS (besonders geschnüffelt) oder Desferal effektiver. Alzheimer tritt auf durch die Blockade der Acetylcholin-Synthese durch Quecksilber.

8.10 Gelenkschmerzen

Die Silberkomponente im Amalgam ist verantwortlich für die Kreuz- und Gelenkschmerzen. Statt Beseitigung der Ursache wird oft das Symptom, das natürlich nicht das einzige der Amalgamvergiftung ist, mit einer Operation angegangen. Die dadurch zusätzlich verursachte Muskelschädigung verleitet oft zu weiteren Operationen. Hexenschuß und Kniearthritis sind am häufigsten.

Bei langjährigen Gelenkbeschwerden erhält stets ein Zahnherd das entzündliche Geschehen aufrecht. Die alleinige Amalgamsanierung ohne Herdsanierung würde nichts bringen. Ungläubige sollten stets die Silberkonzentration in den Operationspräparaten (Bandscheibe !) messen. Alternativ darf kein Metall – insbesondere kein Silber in der Goldlegierung – verwendet werden. Silber wird durch DMPS oder DMSA nur indirekt durch Entfernung der Mitkomponenten reduziert, was man klinisch an der Verminderung der Schmerzen merkt.

8.11 Haarausfall

Haarausfall (punktförmig, kreisrund, später total) ist stets eine Kombination aus (oft mütterlichem) Amalgam und einer Formaldehydstoffwechselstörung. Dramatisch und fast unheilbar ist das Geschehen, wenn eine tote Wurzel mit Formaldehyd behandelt wird. Im Zahnwurzel-Übersichtsröntgen erkennt man die Störung des Knochenstoffwechsels, der durch Amalgam zu einer weitbasigen Entzündung führt. Noch wichtiger als eine saubere Amalgamsanierung ist die Formaldehydvermeidung im Kiefer (tote Zähne ausfräsen) und im Hausstaub. Vorübergehend hilft die Alkalisierung (Tabletten/Natriumbikarbonat) und Zinkzufuhr. Besser ist die Nahrungsumstellung auf basenbildende und zinkhaltige Stoffe. Zink muß lange höchstdosiert in der Nahrung sein.

8.12
Herzinfarkt, Herzrhythmusstörungen

Amalgamdepots in den „Herzzähnen" (8 oder 7), d.h. meist in den Weisheitszähnen, führen bei jungen Menschen durch die typische Quecksilberwirkung zu Herzrhythmusstörungen, bei Älteren – je nach zusätzlicher Gefäßschädigung durch Rauchen oder amalgambedingte Herzkranzgefäßverengung – eher zu einem Herzinfarkt. Später kann ein Herd in dem zahnlosen Kiefer durchaus denselben Effekt an dieser Stelle haben, wie früher der noch stehende Zahn.

Die Beschwerden lassen sich schlagartig beheben durch operative Beseitigung der Gifte und ihrer Folgen. DMPS entgiftet die Herznerven besser als DMSA. Amalgam als Selenfresser schädigt von Anfang an den Herzmuskel. Bei Schäden hilft jedoch nicht mehr Selen, das übrigens nur ein Enzym aufbauen hilft (Zink 200 Enzyme), sondern nur die ganz gewissenhafte Amalgamentgiftung.

8.13
Infektanfälligkeit

Amalgam senkt schon nach 20minütigem Kaugummikauen oder nach Trinken eines Zitronensaftes die Abwehrzellen (T-Lymphozyten) um bis zu 25 Prozent. Eine wichtige Rolle spielt dies bei der Abwehr von Viren (AIDS) oder Bakterien (700 verschiedene) und Pilzen (Candida).

Der Verbrauch von Zink zur Ausscheidung der laufend aufgenommenen giftigen Amalgambestandteile führt zu einem relativen Zinkmangel in den Zellen (weißen Blutkörperchen), wo Zink zum Aufbau von 200 Abwehrenzymen benötigt wird. Der Zinkmangel senkt auch die Zahl der Abwehrzellen.

Der Ort der Zahnherde im Kiefer (Amalgam, tote Zähne) bestimmt, an welchem Organ der Infekt ausbricht (Nasennebenhöhle, Magen, Leber u.a.). Amalgamentgiftung und Zinkzufuhr helfen daher nur bei einer Zahnherdsanierung. Häufigste Infektherde sind Kopf und Lunge durch das Einatmen und die Nieren durch das Ausscheiden des Amalgams.

8.14
Infertilität – Impotenz

Amalgam kann sich in den Fortpflanzungsorganen besonders stark anreichern und den Zinkgehalt stark senken. Samenflüssigkeit ist infolge seiner vielen Enzyme die zinkhaltigste Körperflüssigkeit. Bei Amalgam und Zinkmangel verringern sich sowohl die Anzahl der Samen als auch die Funktionsfähigkeit der weiblichen Eier. Eine Giftanreicherung in der Vorsteherdrüse, in den Eierstöcken (Zysten) und der Gebärmutter (Myome) verhindern zusammen ein korrektes Aufwachsen der befruchteten Eier. Die Beseitigung beherdeter Zähne 14 und 24 förderte in zahlreichen Fällen die Schwangerschaft. Zinkzufuhr (i.v.) nach der korrekten Amalgamentgiftung kann den Kindersegen wesentlich beschleunigen. Nach der Amalgamsanierung ist eine DMPS-Therapie wichtig für eine Schwangerschaft. Cadmium, Pentachlorphenol und Formaldehyd dürfen im Körper auch nicht nachweisbar sein.

8.15
Interaktionen

siehe Kap. 3.2 Wirkungsverstärkung

8.16
Kopfschmerzen

Von allen Nervengiften verursacht Amalgam neben Blei, Cadmium und Formaldehyd die meisten Kopfschmerzen. Im Magnetbild sieht man bei heftigen Schmerzattacken ein Hirnödem (Überdruck durch Wassereinlagerung). Nach kurzer Amalgamliegezeit genügt zur völligen Schmerzbeseitigung die korrekte Amalgamsanierung, bei längerer Liegezeit sind eine zunehmende Anzahl von DMPS-Spritzen erforderlich. Besonders hier ist die Entfernung formaldehydgefüllter Zähne wichtig.

Das Beheben der jahrelangen Kopfschmerzen ist der erfreulichste Effekt einer Amalgambehandlung.

8.17
Krebs

Das in manchen Organen (Hirn, Haut, Magen-Darm-Trakt u.a.) langjährig eingelagerte organische (Methyl-)Quecksilber wirkt krebserzeugend. Amalgam als Selenfresser begünstigt zugleich über den Selenmangel die Krebsentstehung.

Frühzeichen der Krebsentstehung ist das relative Absinken der Zellen, die Krebszellen auffressen können (Lymphozyten Killer-Zellen).

Bei einem erkannten Krebs ist zur Besserung der Abwehrlage vor einem Rückfall das restlose Beseitigen der Amalgamdepots sicher lebensverlängernd.

Im operativ entfernten Krebsgewebe, das 10 Jahre im pathologischen Institut aufgehoben werden muß, kann auch noch viel später die verursachende Amalgamspeicherung nachgewiesen werden, und zum Schadenersatz führen (500.000,– DM).

8.18
Lähmungen, MS, Amyotrophe Lateralsklerose

Im Zahnwurzel-Übersichtsröntgen und im Magnetbild finden sich unter ehemaligen Amalgamzähnen im Kiefer die gleichen Veränderungen. Wenn diese Veränderungen auch im Großhirn nachzuweisen sind, und sich zusätzlich unter den gezogenen Zähnen im Kieferknochen hohe Metallkonzentrationen befinden, muß davon ausgegangen werden, daß Metalle die Ursache darstellen. Größere und kleinflächige Herde im Großhirn sind darum entstandene metallbedingte Entzündungsherde. Wir beobachten seit Jahren eine größere Anzahl

Patienten, bei denen sich nach einer korrekten Amalgamsanierung unter laufenden DMPS-Injektionen bzw. Schnüffeln (s. Kap. 5.3) die Flecken im Magnetbild des Kopfes verkleinern und die Lähmungen (und anderen sogenannten Multiple-Sklerose-Zeichen) wellenförmig langsam zurückbilden. DMSA-Pulver ist hier strengstens verboten, da die schnelle Hirnentgiftung sehr häufig zu einer schwersten Verschlechterung (Schüben) führt. DMSA-Schnüffeln ist erlaubt. Auch Zink ist aus dem gleichen Grund mit großer Vorsicht (höchstens niedrigstdosiert) anzuwenden. Wir haben noch keinen Multiple-Sklerose-Kranken ohne Amalgamfüllungen (der Mutter) kennengelernt!

> Feer-Patienten müssen sich unter Schutz Amalgam entfernen lassen.

Es ist besser nichts gegen die Amalgamvergiftung zu unternehmen, statt etwas Falsches, wie z.B. Amalgam herauszubohren statt den Zahn zu ziehen, DMSA statt DMPS zu nehmen, Selen u.a.

Alle Nervengifte müssen hier gemieden werden (Blei, Formaldehyd, Holzgifte, Pyrethroide)!

8.19 Muskelschwäche

Quecksilber hemmt die Muskelaldolase, das Enzym des Muskelstoffwechsels und kann durch Punktmutationen zu ererbten Muskelkrankheiten führen. Da es sich um eine Immunstörung handelt, kann eine Besserung erst nach vollständiger Giftentfernung beginnen, d.h., sie braucht enorm lange. Zink ist sehr hilfreich zur Entgiftung und wird höchstdosiert benötigt. Selen ist wirkungslos. Jede Amalgamsanierung führt zu einer langanhaltenden Verschlechterung, daher ist das Ausfräsen des Kieferdepots meist unumgänglich. Die Besserung tritt meist erst nach 5 Jahren ein.

Leistungseinbrüche bei Supersportlern wären ebenso behandelbar.

8.20 Schwangerschaft

Sie ist der wichtigste Zeitpunkt für die lebenslange Prägung. Amalgam der Mutter, und zwar nicht nur das aktuelle, sondern auch das frühere, bestimmt die Empfindlichkeit des Kindes gegenüber Chemikalien überhaupt (Chemikaliensensibilität). Das Blut des Kindes im Mutterleib enthält die 6–30fache Quecksilber-Konzentration als das Blut der Mutter. Während der ersten Schwangerschaft entgiftet sich die Mutter um bis zu 40% ihres Gesamtkörpergiftes (etwa 5% bei der zweiten). Neugeborene haben beim DMPS-Test im Urin einen Quecksilbergehalt von bis zu 2500 µg/g Kreatinin – ein extrem hoher Wert selbst bei Erwachsenen.

Neugeborene sind mindestens 100fach empfindlicher auf Gifte als Erwachsene. Für Quecksilber gibt es keine sicher ungiftige Giftmenge im Körper. Die Quecksilberschädigung des Kleinkindes ist seit über 70 Jahren wohlbekannt als Feer-Syndrom. Etwa 7% dieser Kinder starben daran. Bei Lebenden ist das auffälligste Zeichen die Unruhe, Reizbarkeit und das ständige Schlafbedürfnis. Später fallen sie durch Hirnstörungen auf. Paradoxerweise haben wir in Behindertenschulen die höchsten Wohngiftkonzentrationen gemessen, die dies verstärken. Die von der Mutter durch Amalgam vorgeschädigten Kinder haben eine wesentlich höhere Kariesneigung als die ohne Stoffwechselschäden. Feuer auf dem Dach ist dann, wenn diese Kinder nun noch Amalgam in ihre Zähne bekommen. Amalgam im Milchzahn vergiftet beim Neubau den bleibenden Zahn bis zum Faktor eine Million. Das vorgeschädigte kindliche Gehirn reagiert verstärkt auf die neue Quecksilberzufuhr. Aber schon die schwangerschaftsbedingte Amalgammenge trägt dem Säugling neben den Nervenstörungen eine Infektneigung, eine Allergieneigung und zahlreiche Hauterkrankungen ein.

Jede Zahnbehandlung der Amalgamzähne ist in der Schwangerschaft zu vermeiden, tief gefüllte Backenzähne sollten bei Schmerzen nach einer Laser-Schmerzbehandlung gezogen werden.

Vermeidung jeder Amalgamfreisetzung.

Entgiftung nur mit Zink (0-2-2 Unizink). Bei zu niedrigem Zink in den Blutkörperchen muß mit einer Fehlgeburt gerechnet werden, wenn man nicht ausreichend Zink zugeführt hat.

| Neugeborene sind die hilflosesten Amalgamopfer. |

Angeborene Amalgamschäden:
Blindheit, Wasserkopf (Hydrocephalus), Krämpfe (Epilepsie), Untergewicht, Entwicklungshemmung, Wachstumsstörungen, Ödeme.

8.21 Schwindel

Schwindel ist eines der Zeichen einer ganz schweren chronischen Quecksilbervergiftung – oft in Verbindung mit einem gestörten Formaldehydstoffwechsel. Wenn nicht im Magnetbild des Kopfes Metallherde im Kleinhirnbereich liegen oder eine schwere Vergiftung mit Holzgiften (Lindan – Parkinsonismus) dazukommen, bringt DMPS sofort eine vorübergehende Verbesserung. Andernfalls muß eine umfangreiche Suche nach anderen gespeicherten Umweltgiften erfolgen. Allerdings kann Amalgam in einem einzigen Ohrzahn (18, 17, 28, 27) ebenso zu Schwindel führen.

8.22 Seh-, Hör-, Sprachstörungen

Da viele der amalgambedingten diesbezüglichen Störungen schon durch das mütterliche Amalgam von Geburt an bestehen, fallen die wesentlichen Verschlechterungen durch erneutes Amalgam beim Kleinkind nicht mehr sehr auf. Patienten erkennen den Zusammenhang meist erst nach DMPS, z.B. wird plötzlich eine schwächere Brille benötigt.

Bei später aufgetretenen Störungen muß der „Sehzahn" (3er) oder „Hörzahn" (8er, 7er) auf einen Herd untersucht werden und eventuell gezogen werden. „Sehzähne" zu ziehen, fällt nur bei älteren oder Patienten mit Augentumoren leicht, jüngere Patienten lehnen dies oft ab, weil die Prothese unangenehm ist. Zur Behandlung der Hirndepots eignet sich besonders gut DMSA.

Ohrensausen tritt häufig bei Zahnherden und Amalgam plus Gold (Palladium) auf.

Nach Schätzungen der Deutschen Tinnitus-Liga leiden in Deutschland ca. 5 Millionen Menschen ständig oder zeitweise an Ohrgeräuschen. Ärzte sind oft hilflos.
Stottern und Wortfindungsstörungen bessern sich oft nach DMPS.

8.23
Todesfälle, Krippentod

Zahllose Patienten sterben den Amalgamtod, die einen rutschen in die Bewußtlosigkeit wie durch Dämmerattacken, die anderen sterben durch nächtliche Attacken mit Atemstillstand – dies ist die typische Kindstodesursache im Krippentod. Infektionen und Schädelverletzungen verschlechtern plötzlich das Bild. Manche gestorbene Säuglinge haben in ihrem Hirn und ihrer Leber höhere Quecksilberkonzentrationen als Erwachsene (2000 µg/kg). Über 2000 Säuglinge sterben jedes Jahr bei uns am Krippentod.

Bei verstorbenen Amalgamvergifteten ist das Gift nur in den Speicherorganen, insbesondere Tumoren nachweisbar.

Jeder nachweislich an diesem Arzneimittel Verstorbene ist mit DM 500.000,– vom Hersteller bei einer Versicherung versichert. Auf Amalgam als Todesursache muß extra hingewiesen werden, da routinemäßig heute noch nicht danach geforscht wird.

8.24
Zittern

Amalgam verursacht wesentlich häufiger als alle anderen Nervengifte neben einer Nervosität ein Zittern, wenn spezielle Gebiete im Kleinhirn und Hirnstamm Quecksilber gespeichert haben. Wird auf diese Vorschädigung Lindan aus Holzgiften gesetzt, führt dies zum Parkinsonismus – wie Blei und andere Nervengifte. Die alleinige Amalgamvergiftung bessert sich rasch unter DMPS und noch besser unter DMSA-Gabe. Zink verbessert die Entgiftung.

Alkohol bessert zunächst das Symptom, verstärkt es aber langanhaltend durch Erhöhung des Methylquecksilbers im Gehirn.

8.25
Querulanten

Patienten und sogar zwei Amalgam-Beratungsstellen klagten erfolglos gegen den Autor, da er ihnen vermeintlich zu wenig bei Prozessen gegen die Hersteller half.

Alle, die erfolglos gegen die Amalgamvergifter geklagt hatten, richteten dann ihre Klagen gegen diejenigen, die ihnen korrekt geholfen hatten („Klagehansel").

Amalgamvergiftete können unglaublich egoistisch und hinterhältig sein.

> Amalgampatienten vergraulen sich oft alle Ärzte, auch Hilfswillige.

Amalgam verleitet zum Lamentieren anstelle energischen Handelns. Dieses Querulantentum ist als Krankheitssymptom anzusehen und stets zu berücksichtigen.

9
Prognose

Während bei akuten Vergiftungen die Giftmenge das Ausmaß der Giftschädigung bestimmt, sind es bei chronischen Vergiftungen, wie bei der Amalgamvergiftung, die Faktoren der Giftaufnahme:
— Einatmung ins Gehirn,
— Methylierung durch Vitamine, Spurenelemente und Pilze,
— Speicherung im Immunsystem (**Allergie, Autoimmunkrankheit**) oder im Nervensystem (Psychose) oder beides,
— Ausscheidungsanomalie: statt über den Urin über die Leber in den Darm,
— Ausscheidungshemmung durch Störung des Alpha-1-mikroglobulins und der Glutathiontransferase.

Ohne all die Kenntnisse der Abnormitäten bei der Giftaufnahme ist letztlich keine verbindliche Prognose zum weiteren Verlauf der Vergiftung möglich.

Als Faustregel für die Behandlungsintensität einer Amalgamvergiftung gilt jedoch, daß bei Befindlichkeitsstörungen eine Amalgamsanierung unter Dreifachschutz genügt, wärend bei Autoimmunkrankheiten eine totale Giftherdsanierung mit anschließender Entgiftung erforderlich ist – trotzdem ist mit mindestens 10% irreversiblen Organschäden zu rechnen.

> Metalle in den Mund zu setzen, durch die Autoimmunkrankheiten ausgelöst werden, ist der größte medizinische Irrtum.

10
Brief eines Betroffenen

EMPFÄNGER

Zahnarzt
Zahn-, Kassenärztl. Vereinigung
Hausarzt
Krankenkasse
Amalgamhersteller
Bundesgesundheitsamt
Bundesgesundheitsministerium
Abgeordnete
Arbeitgeber

Sehr geehrte Damen und Herren,

als braver Bundesbürger glaubte ich, daß mir gerade im Gesundheitsbereich das empfohlen wird, was meine eigene Gesundheit fördert, und bei Krankheit würde alles übernommen, was „zweckmäßig und wirtschaftlich" ist.

Nun hat mir niemand gesagt, daß im Amalgam, das mir ohne Aufklärung über Nebenwirkungen als Arzneimittel gegen meine Karies gegeben wurde, mindestens 50% Quecksilber enthalten ist.

Niemand sagte mir, daß es ungleich viel gefährlicher ist, bei Legen und Polieren bzw. Austauschen die Quecksilberdämpfe einzuatmen.

Niemand sagte mit, daß das in das Gehirn aufgenommene Quecksilber dort nach 20 Jahren erst halbiert sei und mit nichts entfernt werden könne, wenn mein Kieferknochen voll Quecksilber ist.

Niemand sagte mir, daß es extrem quecksilberempfindliche Menschen gibt, die es vollständig meiden müssen.

Niemand sagte mir, daß Amalgam mein Zahnfleisch und meine Zahnwurzel zerstört, so daß ich künstliche Zähne brauche.

Als einer der seltenen privilegierten Deutschen erfuhr ich rein durch Zufall davon. Ich ließ mir einen DMPS-Test machen, der von meiner Krankenkasse verboten ist, obwohl er schon Tausenden geholfen hat. Danach ging mir plötzlich ein Licht auf, als sich ein Teil meiner Beschwerden besserte. Ich ließ mir von einem „alternativen Zahnarzt" mit Gummischutz und Sauerstoff den Sondermüll aus meinem Mund entfernen, da ich hörte, daß das Entfernen ohne Schutz Kranke erst schwerstkrank machte.

Da das Amalgam bei mir schon sehr lange lag, schon die potenzierenden Nerven- und Immunschäden hervorgerufen hatte und ich durch Amalgam eine Autoimmunkrankheit bekam, weiß ich, daß ich trotz Verzicht auf meine Zähne nie mehr ganz gesund werde.

Amalgam

Ich weiß zwar, daß es wichtig ist, daß die Wirtschaft und das Gesundheitssystem dadurch florieren, kann jedoch nicht verstehen, daß ich nie über Risiken aufgeklärt wurde. Ich fürchte, daß ich heute gesünder wäre, wenn ich als Kassenpatient nie zum Zahnarzt gegangen wäre oder Karieszähne gleich ziehen hätte lassen.

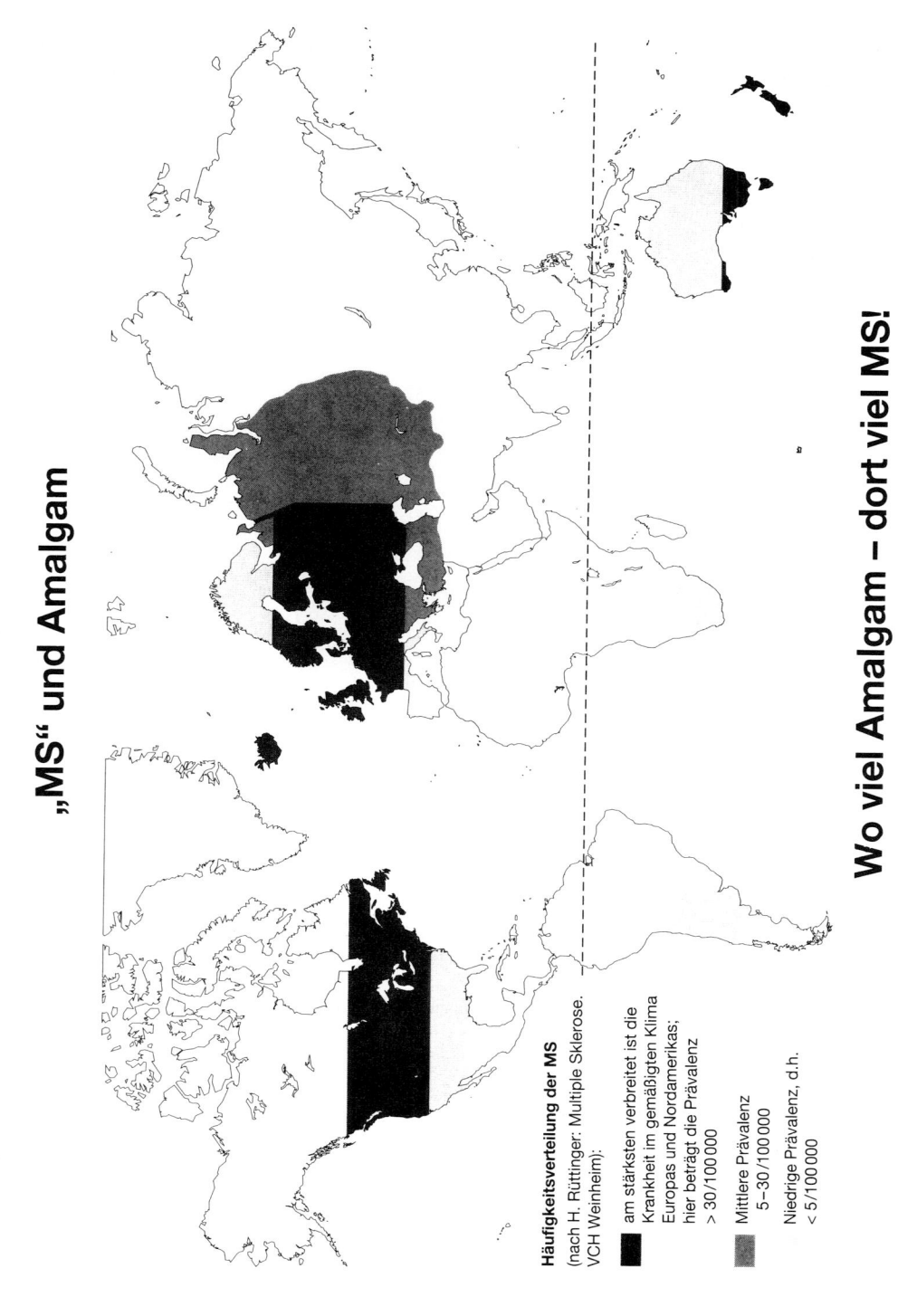

Amalgam

„MS" und Amalgam

Wo viel Amalgam – dort viel MS!

Häufigkeitsverteilung der MS
(nach H. Rüttinger: Multiple Sklerose.
VCH Weinheim):

am stärksten verbreitet ist die
Krankheit im gemäßigten Klima
Europas und Nordamerikas;
hier beträgt die Prävalenz
> 30/100 000

Mittlere Prävalenz
5–30/100 000

Niedrige Prävalenz, d.h.
< 5/100 000

Dr. Max Daunderer

Das große Standardwerk zum Thema Amalgam

Daunderer
Handbuch der Amalgam-Vergiftung

Diagnostik – Therapie – Recht
Loseblattwerk in 3 Leinenordnern
mit laufenden Aktualisierungen,
ca. 2.200 Seiten,
ISBN 3-609-71750-5

- ⇨ Amalgam: Geschichte, Toxizität seiner Bestandteile, Symptomatologie der Amalgam-Vergiftung
- ⇨ Kasuistiken amalgamgeschädigter Patienten
- ⇨ Vergiftungsrisiko des Zahnarztes und seines Praxisteams
- ⇨ Therapie von Amalgamschäden – Alternativen zum Füllstoff Amalgam
- ⇨ Juristische Konsequenzen
- ⇨ Adressen, Röntgenaufnahmen, Patienteninformationen

ecomed
verlagsgesellschaft

GIFTE
die unser Leben verändern

Schadstoffinformationen von Dr. Daunderer.
Schadstoffwirkungen kurz, knapp und klar auf den Nenner gebracht.

Amalgam
Paperback, ca. 100 Seiten
ISBN 3-609-63490-1

Passivrauchen
Paperback, 24 Seiten
ISBN 3-609-51040-4

Lösemittel
Paperback, 14 Seiten
ISBN 3-609-62540-6

Drogen
Paperback, 20 Seiten
ISBN 3-609-62510-4

**Autoimmungifte –
Psychogifte – Giftherde**
Sammelband
Paperback, 104 Seiten
ISBN 3-609-51240-7

Palladium
Paperback, 6 Seiten
ISBN 3-609-62550-3

Holzgifte
Paperback, 12 Seiten
ISBN 3-609-62520-1

Umweltgifte
Paperback, 26 Seiten
ISBN 3-609-62530-9

Formaldehyd
Paperback, 10 Seiten
ISBN 3-609-62500-7

Erkennen
Behandeln
Vermeiden

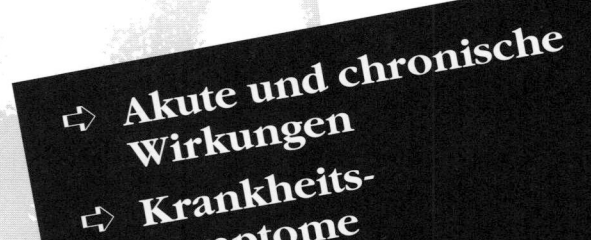

⇨ **Akute und chronische Wirkungen**
⇨ **Krankheitssymptome**
⇨ **Therapeutische Möglichkeiten**

ecomed verlagsgesellschaft